内蒙古自然科学基金项目(2022QN05010)资助
国家自然科学基金项目(51764044,52064043)资助
内蒙古科技大学基本科研业务费专项资金(2023QNJS067,2023CXPT003)资助

矿井高效通风机站结构及
通风机故障诊断

王丽婷　王文才　赵晓坤 ◇ 著

中南大学出版社
www.csupress.com.cn

·长沙·

内容提要

本书针对矿井通风机站结构及通风机故障诊断问题，采用理论分析、相似模拟、实验室实验以及数值计算相结合的综合研究方法，系统介绍了矿井通风机站通风原理与工作特性，阐述了高效通风机站集流器和扩散器的结构及其参数确定方法，研究和确定了矿井有风墙高效通风机站和无风墙高效通风机站的结构及其局部阻力系数确定方法，系统论述了风库长距离接力通风的方式、风库结构、风筒经济合理直径以及长距离接力通风设计方法。

在系统论述磁巴克豪森噪声及其测量磁各向异性原理基础上，进行了MBN测量磁各向异性试验，研究了无应力状态下以及应力状态下的磁晶各向异性能模型，建立了MBN检测模型，并据此形成了通风机部件疲劳损伤的MBN检测方法；基于矿井通风机的结构和性能，分析了矿井通风机故障振动特征与敏感参数，论述了矿井通风机振动信号监测与分析方法，建立了基于振动监测与分析的矿井通风机故障诊断与预警方法。

本书内容精练、注重实际应用、深入浅出，既有理论分析又有实验数据，可为矿井通风机站的建设和矿井通风机的故障诊断提供全方位的理论和技术支持，具有很强的参考性和实用性，可供安全科学与工程以及机械工程领域中的教学、科研、管理和工程技术人员参考，也可用于相关专业的研究生教学。

前言 / Foreword

矿井通风机站是矿井多级机站通风系统的基本通风单元，也是矿井局部风量调节中辅助通风机调节法(分有风墙和无风墙两种)的调节设施。矿井多级机站通风技术日趋成熟并广泛应用于一些大型的新建矿山和扩建矿山，如梅山、金川、北铭河、桦树沟、程潮、弓长岭等矿山均采用了这种通风方式，其因漏风率低、低压通风机效率高和风流控制灵活等取得了良好的通风效果和经济效益。

长期以来，矿井通风机站一直未形成系统的设计方法及参数选取标准，仍采用矿井通风设计理论进行设计，在机站设计中对机站结构设计重视不够，结果导致机站局部阻力过大而产生了机站通风效率太低的问题。同时，矿井通风机站设计中考虑的机站局部阻力与实际情况相差较大，这一是能引起矿井多级机站通风系统风量的较大变化，从而影响矿井的通风安全；二是能使各级机站通风压力的分配与设计不一致，导致多级机站通风方案在实施后系统中进风段和需风段存在大量漏风或风循环现象，严重影响矿井多级机站通风系统节能与安全效益的进一步提高。

因此，进行矿井高效通风机站结构及通风机故障诊断研究，对于通风机站在矿井通风系统中的合理设计与高效率应用，确保矿井通风系统的安全与经济通风，均具有重要的理论与现实意义。

本书共8章，分别为矿井通风机站通风原理与工作特性、矿井通风机站相似模拟实验系统、集流器与扩散器、矿井有风墙通风机站、矿井无风墙通风机站、风库长距离接力通风、通风机部件疲劳损伤 MBN 检测、基于振动分析的矿井通风机故障诊断与预警。

本书由内蒙古科技大学王丽婷、王文才以及山西大同大学赵晓坤所著。著作具体分工为：第 3 章 3.2.2 和 3.3、第 7 章、第 8 章由王丽婷著；第 1 章 1.1~1.3、第 4 章 4.3、第 5 章和第 6 章由王文才著；第 1 章 1.4 和 1.5、第 2 章、第 3 章 3.1 和 3.2.1、第 4 章 4.1 和 4.2 由赵晓坤著。在有关内容的研究过程中，得到了内蒙古自然科学基金项目（2022QN05010）、国家自然科学基金项目（51764044，52064043）及内蒙古科技大学基本科研业务费专项资金（2023QNJS067，2023CXPT003）的资助，在此著者表示衷心的感谢。

感谢内蒙古科技大学的张志浩、邓连军及梁素钰在研究过程中给予的帮助，感谢本书中引用文献的作者。

本书提出的一些观点还有待于今后进行更深入细致的研究。由于著者水平有限，书中缺点和错误在所难免，恳请读者批评指正。

著者

2024 年 1 月

目录 / Contents

第 1 章　矿井通风机站通风原理与工作特性

　　随着我国采矿工业迅速发展，金属矿山的开采规模逐渐增大，采矿工程不断向深部推进，导致矿井内出现作业面多而分散、通风线路长、风流合理分配困难等问题[1-2]；随着矿井通风系统的不断延伸，选择的主通风机往往很难适应矿山实际生产过程中复杂开采条件的动态变化，导致通风机效率不高、矿井有效风量率较低，通风机长期处于低效率区运转，其能耗较高[2, 3]。

　　多级机站通风具有风压分布均匀，有效风量率高（如对梅山铁矿和冬瓜山铜矿多级机站通风系统进行分析，系统的漏风率由原来的 20% 与 50% 降低至11%[3]），风量调节灵活和节省通风能耗等优点，在金属矿山中逐渐得到了广泛应用[2, 4, 5]。

1.1　矿井多级机站通风系统

　　矿井通风系统构建的主要目的是满足井下用风点用风需求，同时尽可能降低电能消耗。因此，机站通风系统设计时，一是要重视用风需求，二是要考虑机站自身阻力对通风性能的影响；从而使得机站通风充分发挥其节能降耗的优势。

　　通风机站多用于对矿井或其一翼通风系统的改造中，因此应根据矿体或煤层埋藏条件，布置矿井机站通风系统。当矿体或煤层埋藏较深时，增掘风井在经济上一般是不可行的，此时可布置多个辅助通风机以形成多级机站通风系统，从而满足各个用风地点的供风量要求，如图 1-1 所示。

　　矿井多级机站通风系统，就是根据需要把一定数量的主要通风机和辅助通风机分为若干级机站（每个机站需要由若干台串联或并联的通风机构成），由数级进风机站以接力方式将新鲜空气经进风井巷压送到作业区，再由数级回风机站将作业时形成的污浊空气经回风井巷排出矿井；用机站串联工作输送风流，用机站并联工作解决区域分风。

　　多级机站通风是主要通风机与辅助通风机压抽混合式通风的扩展，可用三级、四级、五级甚至六级联合压抽。一般常用如图 1-1 所示的四级机站通风，其各级机站的作用和布置原则为：第 I 级是系统的进风主导压入式机站，在全系统内起主导作用，由其将新鲜风流压入矿井，它的风量为全矿总进风量；第 II 级起通风接力及分风的作用，把新鲜风流分配并压入采区，保证作业区域的供风，所以通风机应靠近用风段作压入式供风；第Ⅲ级机站把作业区域的污风直接排至回风道，是采区回风控制机站，所以安装在用风部分靠近回风一侧作抽出式通风；第Ⅳ级作抽出式通风，把采区排出的污风集中起来排至地表，是系统的总回风主控机站。

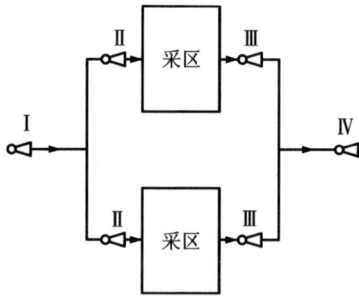

图 1-1　矿井多级机站通风系统典型布置模式

矿井多级机站通风系统由多台通风机串、并联工作，对整个通风网络各采区的风流输送与分配用通风机严加控制，因此内部、外部漏风少，有效风量率较高，其矿井总风量比统一通风或分区通风时少，故可取得较好的节能效益。但从图 1-1 也可以看出，多级机站只能对采区的进风量和回风量进行控制，尚不能细化到控制采区内各个工作面的风量分配，所以各工作面的风量仍需采取相应的风量调节措施。

安装各级机站需要专用的进风道和回风道，因此增加了掘进成本。从已经使用多级机站通风的矿山看，一些条件适合的矿山取得了良好的通风与节能效果；而对于条件不适宜的矿山，其应用效果并不佳，尤其是那些不具备专用进风道的矿山，当开拓专用进风道耗费的资金较多时，其经济性一般不是很好。

在多级机站通风系统中，通风机多且布置分散，不仅系统的可靠性较低，其通风机的管理也较复杂。因此，只有达到较高的通风管理水平，才能管好和用好多级机站通风系统。

矿井多级机站通风系统中，多级机站的布置方式有按阶段布置、按采区布置和按矿体分布布置三种方式。

1.1.1　按阶段布置

图 1-2 为梅山铁矿北采区按阶段布置多级机站的通风系统[6]。在 -200 m 水平进风天井底部安装一级机站，由 4 台通风机并联工作。由进风天井分风送给三

个作业分层，分别在三个分层作业面的进风侧安装二级机站，每一机站都由 2 台通风机并联工作。又分别在各分层的作业面出风侧安装三级机站，每一机站也由两台通风机并联工作。在-140 m 回风平巷安装四级机站，由 4 台通风机并联工作。该系统由 20 台通风机联合工作，比原来统一通风的效果更好。

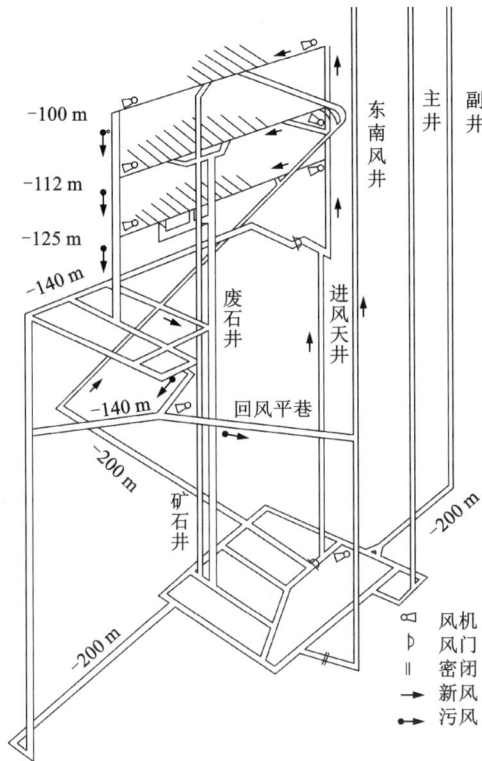

图 1-2　按阶段布置多级机站的通风系统

1.1.2　按采区布置

图 1-3 所示的大姚铜矿分 4 个采区开采同一个缓倾斜中厚矿体，故在各采区的进风道和回风道中各装 2 台通风机，形成压抽结合的两级机站通风，可满足 9~12 个平行工作面的用风要求；然后在每个回风井口设置 1 台通风机，从而在整体上形成三级机站的矿井通风系统[6]。

1.1.3　按矿体分布情况布置

图 1-4 所示的云锡公司塘子凹矿段在 2340 进风井布置 1 台压入式通风机构

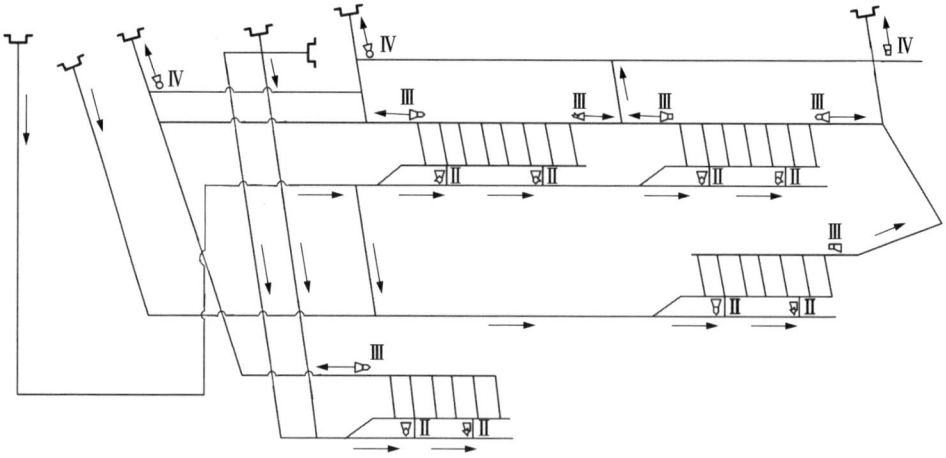

图1-3 按采区布置多级机站

成一级通风机站，在每个矿体布置1台抽出式通风机构成二级通风机站，再以空间位置相邻、回风能够集中的2~4个矿体组成1个通风单元并布置三级抽出式通风机站；然后在每个回风井口设置1台通风机构成四级通风机站，从而在整体上形成四级机站的矿井通风系统[6]。

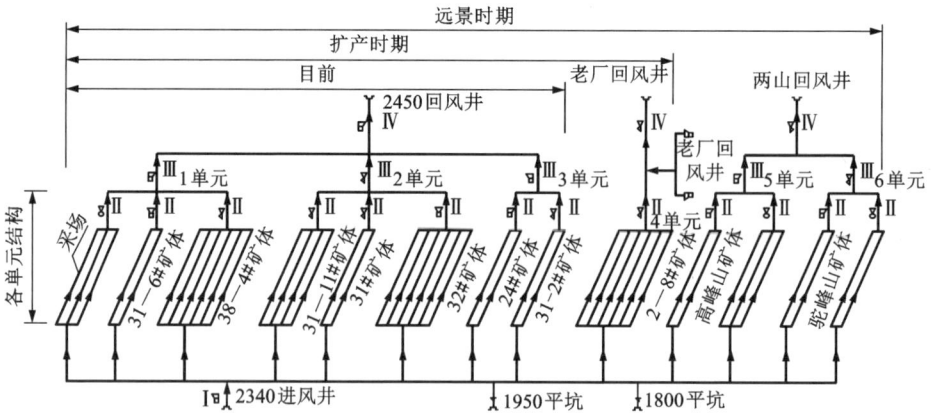

图1-4 按矿体分布情况布置多级机站

1.2 矿井多级机站通风原理

矿井多级机站通风系统,既能有效降低矿井漏风,又能有效分风和抑制有害气体进入矿井,因而具有显著的技术(按需供风)、经济(降低通风能耗)和安全效益(确保风质)。

1.2.1 风压平衡原理按需分风与节能

1.2.1.1 风压平衡按需分风

如图 1-5 所示,当通风系统中存在需风量分别为 Q_C 和 Q_F 的两个并联用风点 C 和 F 时,为使用风点 C 和 F 都能获得各自所需的风量,必须在用风点 C 和 F 的风路上分别设置机站 1 和 2,用机站风压实现通风网络风压平衡,从而实现按需供风。

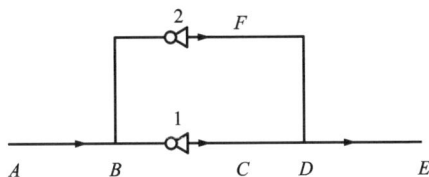

图 1-5 风压平衡按需分风机站布置

根据矿井通风的能量平衡定律,机站 1 和 2 的风压 H_{f1} 和 H_{f2} 满足式(1-1)时,用风点 C 和 F 就能获得各自所需的风量。

$$H_{f1} - R_C Q_C^2 = H_{f2} - R_F Q_F^2 \qquad (1-1)$$

式中:H_{f1}、H_{f2} 分别为通风机站 1 和 2 的风压,Pa;Q_C、Q_F 分别为用风点 C 和 F 需风量,m^3/s;R_C、R_F 分别为风路 BCD 和 BFD 的风阻,$N \cdot s^2/m^8$。

1.2.1.2 风压平衡优化网络与节能

当矿井通风网络所需风量与矿井通风网络自然分配的风量一致时,无须设置风窗等风量调节设施,通风系统就达到功耗最小。

通常情况下,矿井通风网络自然分配的风量一般不能满足实际需要的风量,因而必须进行矿井通风网络的风量调节。矿井多级机站通风系统,在一些风路上(最多每一条风路均加设 1 台)通过设置通风机控制风路满足需风量要求,从而达到通风网络中各网孔按需分风的风压平衡,此时各通风机有效功率的总和即为矿井通风网络的原始功耗,因此其功耗最小。

$$\sum N_i = \sum (h_j Q_j) \qquad (1-2)$$

式中:N_i 为第 i 个($i \leqslant j$)通风机的有效风压,Pa;h_j 为第 j 条风路的通风阻力,

Pa；Q_j 为第 j 条风路的需风量，m^3/s。

当矿井通风系统采用风窗调节分风时，由于风窗的附加阻力消耗一部分通风机的功率，则通风机的总功耗为：

$$\sum N_i = \sum (h_j Q_j) + \sum (\Delta h_k Q_k) \tag{1-3}$$

式中：Δh_k 为第 k 条（$k \leqslant j$）风路上设置的风窗阻力，Pa；Q_k 为第 k 条风路的需风量，m^3/s。

由此可见，在按需分风中，用通风机控制分风的矿井多级机站通风系统是最优的风量控制方法，能使通风网络功耗达到最小。

矿井通风系统的节能状况可用矿井风量调节能耗增加系数来表示。

$$K = \frac{N_x - N_u}{N_x} \tag{1-4}$$

式中：K 为矿井风量调节能耗增加系数；N_x 为风量按需分配时矿井通风网络的总能耗，kW；N_u 为风量自然分配时矿井通风网络的总能耗，kW。

K 愈接近 0，则说明矿井通风网络风量调节布置愈合理，其风量调节后使矿井的能耗增加也愈少。

因此，在布置通风系统时，要尽量使各系统（或采区）自然分配的风量接近所需要的风量，这就给风量调节和节能创造了条件。

1.2.2 均压通风原理控制漏风及抑制污染源扩散

1.2.2.1 均压通风原理

矿井多级机站通风是运用风压平衡原理对全系统施行均压通风。其基本原理是，在保持各风路所需风量的前提下，通过通风机的调控，使各分支风路的风压平衡，各漏风风路两个端点的风压相等；即外部漏风点保持零风压，内部漏风点保持风压相等。

当一个如图 1-6(a) 所示的抽出式通风系统存在漏风区域 B 时，若通风系统依靠总风压通风，漏风点 B 的风压就较大，这将导致漏风区域 B 的漏风量较大；特别是当漏风区域 B 的漏风通道连通有害气体源时，就将有害气体导入井下，直接影响井下空气的质量和生产作业的安全。

采用通风机站构成多级机站通风系统，如图 1-6(b) 所示的二级机站通风系统，多级机站通风系统依靠各分级机站的风压通风，降低了通风系统的最大风压，也使漏风区域 B 的漏风量减小。

图 1-6(a) 所示的抽出式通风系统，当通风机 2 的风压为 H_{f2} 时，与它通风效果等效的二级机站通风系统见图 1-6(b)，其一级、二级机站风压 H_1 和 H_2 均小于 H_{f2}，且有：

$$|H_{f2}| = |H_1| + |H_2| \tag{1-5}$$

式中：H_{f2} 为通风机 2 的风压，Pa；H_1、H_2 分别为通风机站 1 和 2 的风压，Pa。

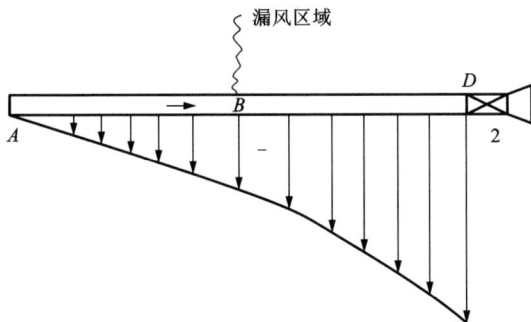

(a) 抽出式通风系统及其漏风

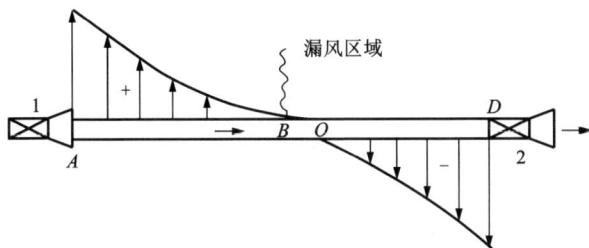

(b) 二级机站通风系统均压通风控制漏风和抑制污染源扩散

图 1-6　抽出式通风系统及其通风机站均压通风

对于图 1-6(b)所示的二级机站通风系统，根据矿井通风的能量平衡定律可得：

$$H_1 = h_{AO} \tag{1-6}$$

$$H_2 = h_{OD} \tag{1-7}$$

式中：h_{AO}、h_{OD} 分别为风路 A-O 和 O-D 的通风阻力，Pa，其中 O 为机站 1 至机站 2 风路中的零风压点。

在图 1-6(b)所示的二级机站通风系统中，保持机站 1 和 2 的风压 H_1、H_2 在满足式(1-5)的前提下，调整 H_1 和 H_2 的大小，如减小 H_1、增大 H_2 可使零风压点 O 左移，增大 H_1、减小 H_2 可使零风压点 O 右移；通过调整零风压点 O 与漏风点 B 的相对位置关系，就可以实现对漏风区域 B 的漏风控制和污染源扩散抑制。

1.2.2.2　均压通风控制漏风及抑制污染源扩散

如图 1-7(a)所示的抽出式通风系统，当通风机 4 的风压为 H_{f4} 时，与它通风效果等效的四级机站通风系统见图 1-7(b)，其一级、二级、三级和四级机站风压

H_1、H_2、H_3 和 H_4 均小于 H_{f4}，且有：

$$|H_{f4}| = |H_1| + |H_2| + |H_3| + |H_4| \tag{1-8}$$

式中：H_{f4} 为通风机 4 的风压，Pa；H_1、H_2、H_3 和 H_4 分别为通风机站 1、2、3 和 4 的风压，Pa。

对于图 1-7(b) 所示的四级机站通风系统，若 O_1 为机站 1 至机站 2 风路中的零风压点、O_2 为机站 2 至机站 3 风路中的零风压点、O_3 为机站 3 至机站 4 风路中的零风压点，根据矿井通风的能量平衡定律可得：

$$H_1 = h_{AO_1} \tag{1-9}$$

$$H_2 = h_{O_1 O_2} \tag{1-10}$$

$$H_3 = h_{O_2 O_3} \tag{1-11}$$

$$H_4 = h_{O_3 K} \tag{1-12}$$

式中：h_{AO_1}、$h_{O_1 O_2}$、$h_{O_2 O_3}$、$h_{O_3 K}$ 分别为风路 A-O_1、O_1-O_2、O_2-O_3、O_3-K 的通风阻力，Pa。

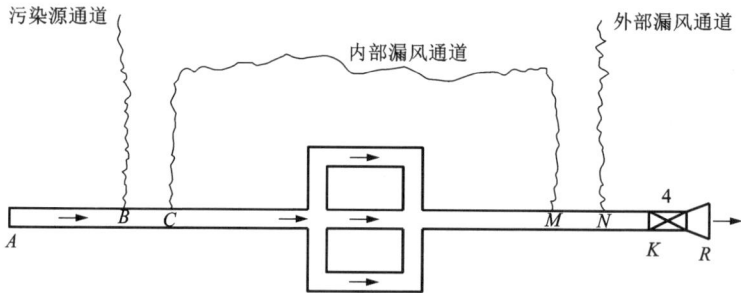

(a) 抽出式通风系统及其漏风与污染源扩散

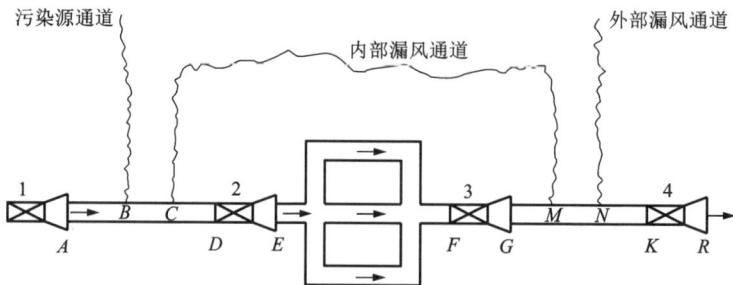

(b) 四级机站通风系统均压通风控制漏风和抑制污染源扩散

图 1-7　均压通风控制漏风和抑制污染源扩散

在图 1-7(b) 所示的四级机站通风系统中，保持机站 1、2、3、4 的风压 H_1、H_2、H_3、H_4 在满足式 (1-8) 的前提下，调整 H_1、H_2、H_3 和 H_4 的大小 (如减小 H_1、增大 H_2 可使零风压点 O_1 左移，增大 H_1、减小 H_2 可使零风压点 O_1 右移；减小 H_2、增大 H_3 可使零风压点 O_2 左移，增大 H_2、减小 H_3 可使零风压点 O_2 右移；减小 H_3、增大 H_4 可使零风压点 O_3 左移，增大 H_3、减小 H_4 可使零风压点 O_3 右移)，使 O_3 与 N 点重合，O_1 在 B、C 之间且使 C 点与 M 点风压相等。

(1) 控制外部漏风

在保持机站 H_1、H_2、H_3、H_4 满足式 (1-8) 的前提下，调整 H_3、H_4 的大小，使零风压点 O_3 与外部漏风点 N 重合，此时就避免了外部漏风，即外部漏风量为零。

(2) 抑制污染源扩散

在保持机站 H_1、H_2、H_3、H_4 满足式 (1-8) 的前提下，调整 H_1、H_2 的大小，使零风压点 O_1 在污染源漏入点 B 与内部漏风进风点 C 之间，此时污染源漏入点 B 处于正压状态，这就有效阻止了污染源漏入井下，即起到了抑制污染源扩散的作用。

(3) 控制内部漏风

在保持机站 H_1、H_2、H_3、H_4 满足式 (1-8) 的前提下，调整 H_1、H_2 的大小，使零风压点 O_1 在污染源漏入点 B 与内部漏风进风点 C 之间，且使内部漏风进风点 C 的风压与内部漏风出风点 M 的风压相等，此时就避免了内部漏风，即内部漏风量为零。

1.3　通风机站结构形式

通风机站多用于对矿井或其一翼通风系统的改造中，因此应根据原有巷道空间尺寸及其地质条件，选择机站合理的结构形式。在生产实际中，矿井通风机站有三种，即有风墙通风机站、无风墙通风机站以及风库长距离接力通风。

1.3.1　有风墙通风机站

如图 1-8 所示，有风墙通风机站，就是在安设通风机的巷道断面上，除通风机外其余断面均用风墙密闭，其巷道内的风流全部通过通风机。为检查方便，通常在风墙上开一个小门，且小门一定要严密。

有风墙通风机机站需设置在巷道的混凝土底板上，要求安装稳定、坚固，附近设置通风机控制箱，并尽量不影响风流。为减少漏风，风墙两侧应涂抹水泥砂浆，人行通道风门应朝通风机出风口一侧开启，排水沟、电缆孔等基础设施应尽量减少漏风。

在运输巷道里布置有风墙通风机站时，为了不影响运输，必须在运输巷道中掘一绕道,将机站通风机安装在绕道中,并在运输巷道的绕道入风口与出风口之间至少安装两道自动风门,自动风门的间距要大于一列车的长度,见图1-9。

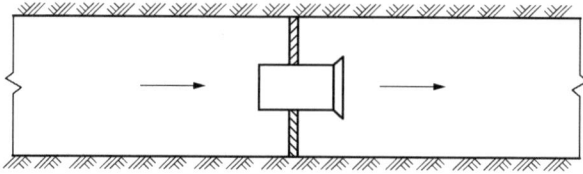

图1-8 直巷型有风墙通风机站(俯视)

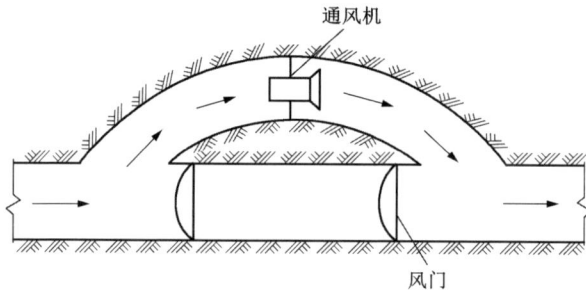

图1-9 运输巷道里布置有风墙通风机站(俯视)

有风墙通风机站是靠通风机的全压做功,能克服较大的通风阻力,可用于通风系统通风阻力较大且要求风量有较大幅度增加的情况。

如果有风墙通风机站的通风机停止运转,必须立即打开巷道的绕道进风口与出风口之间安装的两道自动风门,以免发生相邻区域的风流逆转或产生循环风;此时,应根据具体情况,采取相应安全措施。

重新启动有风墙通风机站的通风机之前,应检查附近20 m内的瓦斯浓度,只有在瓦斯浓度不超过规定时,才允许启动。

有风墙通风机站,按其结构形式又分为直巷型(图1-8)和扩帮型(图1-10)两种。

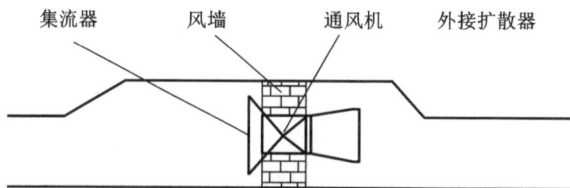

图1-10 扩帮型有风墙通风机站(俯视)

机站的通风机数量是通风机站的重要参数，从现场安装、巷道风量调节以及机站局部阻力等方面考虑，最多 4 台，其具体数量可由实际风量确定。对于能形成贯穿风流的采场和需风量变化不大的巷道，可设置 1 台；对于采场段机站，同时考虑风量调节和通风机安装与拆卸，可设置 1~2 台；对于入、回风段机站，考虑风压和风量匹配，可设置 1~4 台。多台通风机并联工作的机站，可根据巷道具体尺寸及施工条件采用上下或左右并列布置；通风机出风口要安装合适的闸门，以防止机站开动较少通风机时出现风流短路的现象。机站通风机布置形式一般如图 1-11 所示。

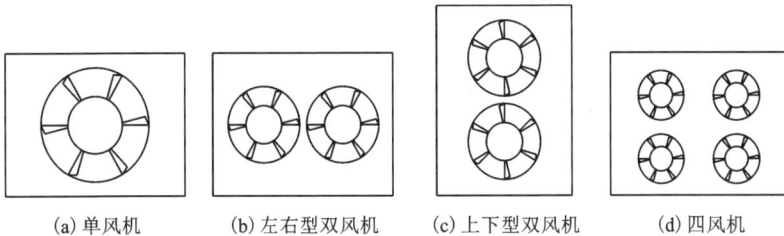

(a) 单风机　　　(b) 左右型双风机　　　(c) 上下型双风机　　　(d) 四风机

图 1-11　机站通风机布置

机站通风机一般应选用低压、大流量型号，以使通风机特性曲线无明显马鞍形区间，避免了通风机因运行有效工作区过窄而出现的不稳定运行现象（尤其对于通风机并联数较多的通风机站，此问题尤为突出），从而确保机站多台通风机并联工作时的稳定和高效运行。

1.3.2　无风墙通风机站

按照机站通风机的布置方式，无风墙通风机站分为直巷型和硐室型两类，而硐室型又分为单侧单风机、单侧多风机、双侧双风机和双侧多风机四种布置形式。其机站通风机的数量，与设计需风量和巷道的通风阻力有关，可以是单台或成双的多台通风机联合作业构成。

（1）直巷型无风墙通风机站

如图 1-12 所示，直巷型无风墙通风机站不设置风墙，通风机直接安装在通风巷道中，安装时无需绕道，也不装风门，它只在机站通风机出风侧加装一段截头圆锥形的引射器。由于引射器出风口的面积比较小（为通风机出风口面积的 0.2~0.5 倍），因此通过机站通风机的风量从引射器出风口射出时速度较大，形成较大的引射器出口动压。引射器出口动压再引射出风侧的风流，同时带动一小部分风量从机站通风机以外的风道中流过来，从而使该风道的风量有所提高。

1—通风机；2—引射器；S_f—引射器出风口面积；S—巷道断面积。

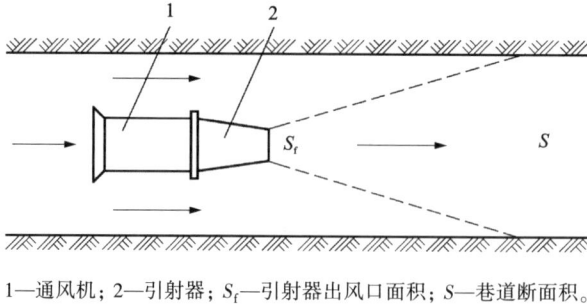

图 1-12 直巷型无风墙通风机站

（2）硐室型无风墙通风机站

如图 1-13 和图 1-14 所示，硐室型无风墙通风机站由通风机和引射器构成，安装在巷道侧壁的硐室内。通风机运行时，在引射器出风口能形成高速风流且沿引射器出风口方向流向巷道中心，形成引射气流，增加了巷道内的风量，起到了引射的作用，且能避免爆破冲击波的破坏，同时也不影响运输设备运行和行人。因此，硐室型无风墙机站可以替代直巷型无风墙机站，具有较强的适应性。

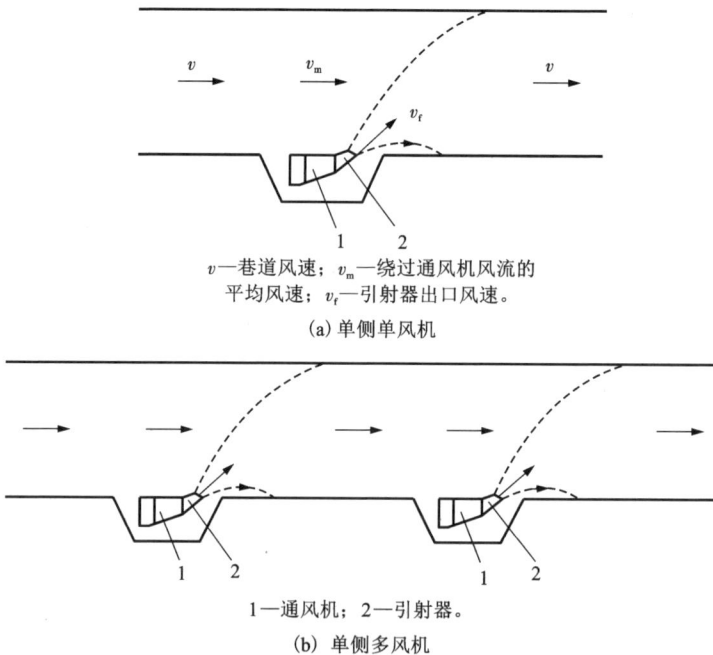

v—巷道风速；v_m—绕过通风机风流的
平均风速；v_f—引射器出口风速。

（a）单侧单风机

1—通风机；2—引射器。

（b）单侧多风机

图 1-13 单侧硐室型无风墙通风机站

v—巷道风速；v_{m}—绕过通风机风流的
平均风速；v_{f}—引射器出口风速。

(a) 双侧双风机

1—通风机；2—引射器。

(b) 双侧多风机

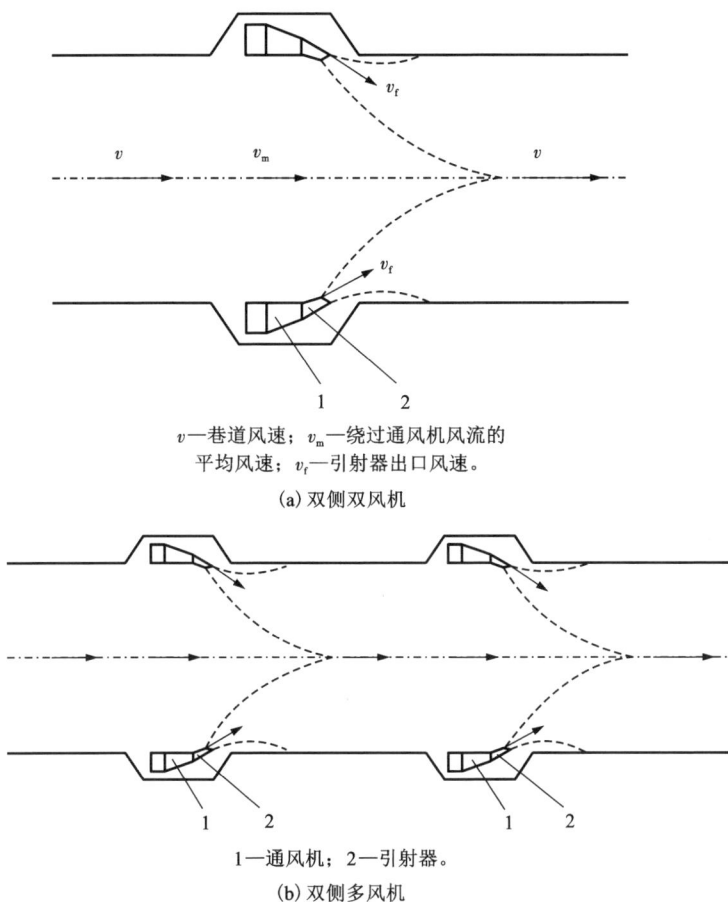

图 1-14　双侧硐室型无风墙通风机站

1.3.3　风库长距离接力通风

风库接力通风，就是根据风流在井下的流动路线，在其中间适当位置建立风库作为风流中转站，风库内安装通风机提供通风动力，实现以逐段布置通风动力克服通风阻力，联合大直径风筒使风流有效到达用风地点的一种通风方法，如图 1-15 所示。

该方法普遍用于矿井长距离掘进通风，并在实践中逐渐展示了该技术的高效、低耗、低投入和高安全性的技术特点。

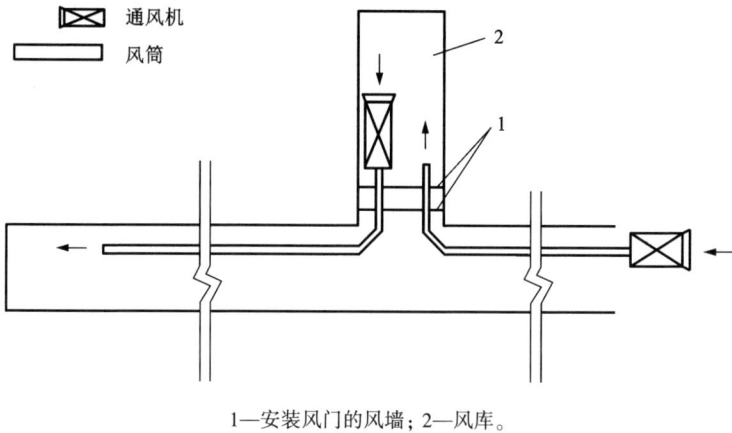

1—安装风门的风墙；2—风库。

图 1-15　风库长距离接力通风布置图(俯视)

1.4　通风机站工作特性

如图 1-16 所示的直巷型通风机站，受机站通风机集流器入风口汇风的影响，巷道中风流流线开始变化的断面 1-1 至通风机集流器入风口，称为通风机站的入风段。巷道中的风流经过机站通风机加压提速从扩散器出风口进入巷道后，其风流断面逐渐扩大直至充满巷道，并在断面 2-2 风流流线趋于稳定，则扩散器出风口至风流流线趋于稳定的断面 2-2，称为通风机站的出风段。

根据并联通风原理可知，通风机站中各并联通风机的工作风压是相等的，均为 H_f。

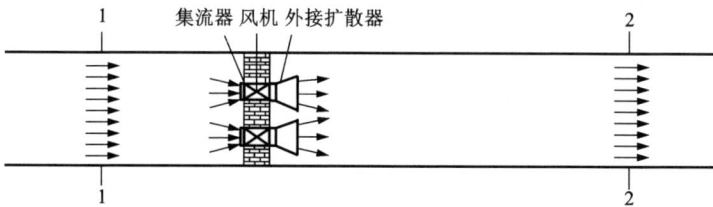

图 1-16　直巷型通风机站的风流流动(俯视)

1.4.1　通风机站工作参数

(1)机站风压与风量

与通风机的风压分全压与静压类似，通风机站的风压 H 也分为全压 H_t 与静

压 H_s。

通风机站出风口与入风口的静压之差，称为通风机站的静压 H_s；通风机站出风口与入风口的全压之差，称为通风机站的全压 H_t；通过通风机站的风量，称为机站风量 Q。

（2）机站输出功率与输入功率

机站出风口风流功率 HQ，称为机站的输出功率。机站输出功率，也分机站全压输出功率和机站静压输出功率。

机站所有并联通风机装置（即安装有扩散器的通风机）的输出功率之和 nH_fQ 定义为机站的输入功率，其中 n、H_f 分别为通风机站并联通风机装置的台数和工作风压。

（3）机站效率

机站输出功率 HQ 与输入功率 nH_fQ 之比，称为通风机站效率。

$$\eta = \frac{H}{nH_f}$$

式中：η 为通风机站效率；H 为通风机站的风压，Pa；n 为通风机站并联通风机的台数；H_f 为通风机站并联通风机装置的工作风压，Pa。

机站效率，按其输入功率不同，也分机站全压效率和机站静压效率。

因为机站入风段与出风段长度很短，且入风段摩擦阻力仅出现在风流收缩断面之前，出风段摩擦阻力仅出现在风流混合面（即出风口扩张风流全部充满巷道的断面）之后，其值很小，故将其纳入机站局部阻力一并计算，所以机站的通风阻力实质上就是机站入风段与出风段的局部阻力之和，且以后者为主。

根据能量平衡原理，有：

$$nH_fQ = HQ + hQ$$

式中：h 为机站局部阻力，Pa。

由以上两式可得：

$$\eta = 1 - \frac{h}{nH_f} \tag{1-13}$$

可见，机站效率取决于机站局部阻力与机站所有并联通风机装置工作风压之和的比值。

（4）风压损失率

将机站中任一段巷道的通风阻力 h_a 与机站所有通风机装置工作风压之和的比值，定义为巷道风压损失率。

$$\delta = \frac{h_a}{nH_f} \tag{1-14}$$

式中：δ 为巷道风压损失率。

显然，机站局部阻力 h 与机站所有通风机装置工作风压之和的比值，就是通风机站的风压损失率。

1.4.2　通风机站局部阻力系数

机站效率及其通风性能取决于机站局部阻力，机站局部阻力的大小取决于机站局部阻力系数。因此，机站局部阻力系数大小(一般对应于机站出风端巷道平均风速)影响着机站的通风性能。

$$h = \xi \frac{\rho}{2} v^2 \tag{1-15}$$

式中：h 为机站局部阻力，Pa；ξ 为机站局部阻力系数；ρ 为巷道风流密度，kg/m³；v 为机站出风端巷道平均风速，m/s。

1.5　直巷型机站局部阻力系数

机站中的风流在流动过程中，流速大小、方向和分布的变化会引起风流能量的损失，这就构成了机站局部阻力。机站风机的集流器、扩散器以及机站结构，可改变机站风流的大小、方向和分布，是降低机站局部阻力的主要途径。

如图 1-16 和图 1-17 所示，机站局部阻力除了风流进口缩小、出口扩大损失外，还有进口汇流、出口射流等附加损失，同时还受出口气流旋绕速度分量及井巷壁面粗糙度的影响[7, 8]。即

$$\xi = K_c(\xi_i + K_0 \xi_o) \tag{1-16}$$

式中：ξ 为机站局部阻力系数；ξ_i、ξ_o 分别为机站入风段、出风段局部阻力系数；K_0 为机站出风段井巷壁面粗糙度影响系数，可按式(1-17)的哈廖夫公式计算[7]；K_c 为考虑风流旋绕损失和多通风机风流碰撞损失的综合影响系数，K_c 值在 0.43 至 1.38 之间(并联通风机台数越多，取值越高)，可按式(1-19)计算确定[7, 8]。

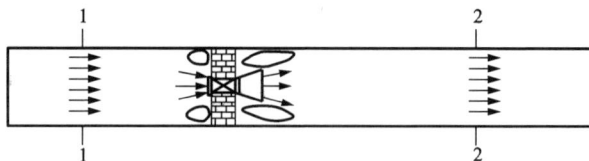

图 1-17　通风机站流场(俯视)

(1)井巷突然扩大处井巷壁面粗糙度影响系数 K

根据哈廖夫公式[9]，井巷突然扩大处井巷壁面粗糙度影响系数 K 为：

$$K = 1 + \frac{\alpha}{0.001} \tag{1-17}$$

式中：K 为井巷突然扩大处井巷壁面粗糙度影响系数；α 为巷道的摩擦阻力系数，$N \cdot s^2 / m^4$。

（2）井巷突然缩小处井巷壁面粗糙度影响系数 ε

根据哈廖夫公式[9]，井巷突然缩小处井巷壁面粗糙度影响系数 ε 为：

$$\varepsilon = 1 + \frac{\alpha}{0.0013} \tag{1-18}$$

式中：ε 为井巷突然缩小处井巷壁面粗糙度影响系数；α 为巷道的摩擦阻力系数，$N \cdot s^2 / m^4$。

（3）综合影响系数 K_c

风流旋绕损失和多通风机风流碰撞损失的综合影响系数 K_c 为[7]：

$$K_c = a + b\sigma \tag{1-19}$$

$$\sigma = \frac{H_f}{Q_f} \times \frac{Q_m}{H_m} \tag{1-20}$$

式中：σ 为通风机工况参数无因次系数，当 $\sigma = 1$ 时表明通风机正在特性曲线的高效点工作，当 $\sigma < 1$ 时表明通风机的工况点落在高效点右侧，当 $\sigma > 1$ 时表明通风机的工况点在高效点的左侧；H_f、H_m 分别为通风机工况点和高效点风压，Pa；Q_f、Q_m 分别为通风机工况点和高效点的风量，m^3 / s；a、b 为机站通风机数量系数，其仅取决于通风机的并联数[7]，当通风机数量为 1~4 台时的取值见表 1-1。

表 1-1　机站通风机数量系数 a 与 b 实验测定值[7]

通风机数量	a	b	系数
1	0.040	0.588	0.9458
2	0.033	0.807	0.9698
3	−0.115	1.130	0.9799
4	−0.4186	1.802	0.9855

由式（1-19）及表 1-1 可知：①K_c 与 σ 线性相关性强。

②随着机站风机并联数的增加，K_c 值逐渐增大。这是因为同一机站内设置多台通风机时，各通风机出口射流在两个方向上互相冲击（即在沿轴线方向上，多股射流在扩张角内相互干扰冲击；在垂直轴线的环向上，各通风机出口气流的微弱旋绕速度分量也相互冲击抵消，并在机站巷道断面的拐角形成较弱的旋涡），

造成了附加损失。这两种冲击随风机数的增加而加剧，由此引起的附加损失也就越大，结果表现为 K_c 值随机站风机并联数的增加而递增。

③当各通风机在最高效率点（即 $\sigma = 1$）工作时，1~4 台风机机站的 K_c 值分别为 0.628、0.840、1.015 和 1.383。

1.5.1　机站入风段局部阻力系数

风流从巷道进入机站各风机虽然也是一个突然收缩过程，但这一过程有别于一般巷道的突然缩小，即机站的入风段收缩一般情况下属于有限小管段突然缩小[7]。

（1）机站通风机无集流器

如图 1-18 所示的机站通风机无集流器时的锐边入风口入风，其巷道风流经锐边入风口进入通风机，锐边入风口断面汇流使巷道风流转向，转向风流必然产生一定的离心力，使风流从锐边入风口断面处开始脱离管壁且风流断面逐渐收缩，并在断面 a-a 处出现风流的最小收缩断面，然后再逐渐扩张到通风机叶片全断面。这个过程产生的阻力包括由巷道断面到最小收缩断面 a-a 的阻力和最小收缩断面 a-a 扩大到通风机叶片全断面的阻力。

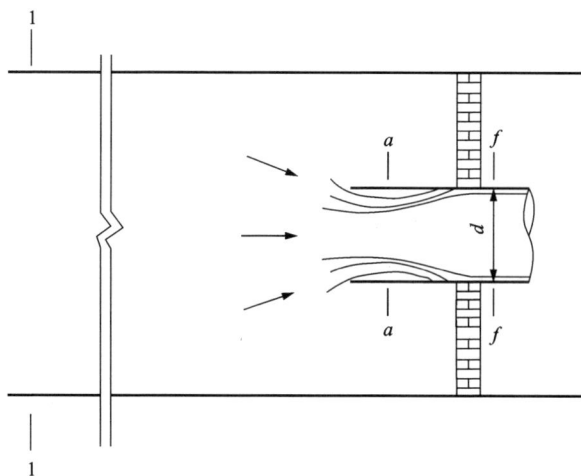

图 1-18　机站通风机无集流器时的锐边入风口入风

声波传播速度为 340 m/s，而轴流式通风机最大风速不超过 40 m/s，其马赫数 $M_a = 40/340 = 0.12 < 0.5$，所以可认为轴流式通风机中的气流为不可压缩流体[9-11]。当风流从断面 a-a 流至通风机叶片处断面 f-f 时，根据能量平衡定律有：

$$h = P_a - P_f + \frac{1}{2}\rho v_a^2 - \frac{1}{2}\rho v_f^2 \tag{1-21}$$

式中：h 为机站入风段局部阻力，Pa；P_a、P_f 分别为断面 a-a 和通风机叶片处断面 f-f 的静压，Pa；ρ 为巷道风流密度，kg/m^3；v_a、v_f 分别为断面 1-1 和通风机叶片处断面 f-f 的风速，m/s。

断面 a-a 至通风机叶片处断面 f-f 的动量方程为[10, 11]：

$$(P_f - P_a)S_f = \rho Q(v_a - v_f) \tag{1-22}$$

式中：S_f 为通风机叶片处断面的面积，m^2；Q 为巷道风量，m^3/s。

将式(1-22)代入式(1-21)，并且 $v_f = Q/S_f$，则有：

$$h = \frac{\rho}{2}(v_a - v_f)^2 \tag{1-23}$$

根据风流运动的风量平衡定律有：

$$\frac{v_a}{v_f} = \frac{S_f}{S_a} \tag{1-24}$$

式中：S_f 为通风机叶片处断面的面积，m^2。

将式(1-24)代入式(1-23)得：

$$h = \frac{\rho v_f^2}{2}\left(\frac{S_f}{S_a} - 1\right)^2 \tag{1-25}$$

因为机站入风段 1-1 断面至通风机叶片处断面的长度很短，且入风段摩擦阻力仅出现在风流收缩断面之前，其值很小故将其纳入机站入风段局部阻力予以一并计算。断面 1-1 至断面 a-a 其断面突然缩小产生的局部阻力中，由气流收缩时引起的内摩擦可以忽略不计，因而通风机站入风段主要能量损失产生在收缩后又扩大的过程中，那么就可按断面 a-a 至断面 f-f 突然扩大的局部阻力损失及局部阻力系数，来计算通风机站入风段局部阻力损失及局部阻力系数，即这里只需解决收缩处之断面 a-a 为多大就可以了[9]。

气流的收缩断面 a-a 可用收缩系数来表示其收缩状况，即

$$\Phi = \frac{S_a}{S_f} \tag{1-26}$$

式中：Φ 为气流断面收缩系数。

将式(1-26)代入式(1-25)，得：

$$h = \frac{\rho v_f^2}{2}\left(\frac{1}{\Phi} - 1\right)^2 \tag{1-27}$$

不同学者提出过收缩系数值计算方法，以下是什维尔科夫推算不同断面比条件下的收缩系数方法。

风流通过断面收缩时，风速的变化一般具有如下的比值关系[9]，即

$$\frac{v_a - v_1}{v_f - v_1} = 1.6 \sim 1.8 \tag{1-28}$$

式中：v_a、v_f 分别为断面 a-a 和通风机叶片处断面 f-f 的风速，m/s；v_1 为机站入风段巷道断面 1-1 的风速，m/s。

在式(1-28)中，选取 $\dfrac{v_a-v_1}{v_f-v_1}=1.7$，又 $\dfrac{v_f}{v_a}=\dfrac{S_a}{S_f}=\Phi$、$\dfrac{v_1}{v_a}=\dfrac{S_a}{S_1}=\Phi\dfrac{S_f}{S_1}$，则由此求得：

$$\frac{1}{\Phi}=\left(1.7-0.7\frac{S_f}{S_1}\right) \qquad (1-29)$$

将式(1-29)代入式(1-27)，有：

$$h=\frac{\rho v_f^2}{2}\times\frac{1}{2}\times\left(1-\frac{S_f}{S_1}\right)^2 \qquad (1-30)$$

由式(1-30)可知，锐边入风口时的机站入风段局部阻力系数(对应于机站风机叶片处断面风速 v_f)为：

$$\xi_{i1}=\frac{1}{2}\times\left(1-\frac{S_f}{S_1}\right)^2 \qquad (1-31)$$

式中：ξ_{i1} 为锐边入风口时机站入风段局部阻力系数。

(2)机站通风机设有集流器

对于设有集流器的 n 台通风机并联而成的机站，参照式(1-31)，其入风段局部阻力系数(对应于机站通风机叶片处断面风速 v_f)为[7,9]：

$$\xi_i=\frac{K_e}{2}\left(1-\frac{nS_f}{S_1}\right)^2 \qquad (1-32)$$

式中：S_f 为通风机叶片处断面面积，m²；n 为并联通风机的台数；S_1 为机站入口处巷道断面面积，m²；K_e 为机站进口条件系数，其与通风机入风口结构相关，可从有关资料或通过实验求得，一般无集流器锐边入口的突然缩小 $K_e=1.0$、通风机圆锥形集流器入口 $K_e=0.15$、锐边小管段入口 $K_e=1.20$[7]。

1.5.2　机站出风段局部阻力系数

风流从机站通风机装置(即安装有扩散器的通风机)的出口扩大至巷道断面的过程中所造成的冲击损失，可以按风流突然扩大过程来计算，即出风段局部阻力系数(对应于机站出口风流混合面的风速 v_b)为[6,7]：

$$\xi_o=\left(1-\frac{nS_{f0}}{S_b}\right)^2 \qquad (1-33)$$

式中：S_{f0} 为通风机装置(即安装有扩散器的通风机)出风口断面面积，m²；S_b 为机站通风机装置出口风流混合面的面积，对于直巷型机站 $S_b=S_2$，m²；S_2 为机站出口处巷道断面面积，m²。

第 2 章　矿井通风机站相似模拟实验系统

以矿山实际运行的机站为实物模型，根据相似理论建立机站相似模拟实验系统，为系统了解机站通风流场特征以及风流运动规律提供实验依据，同时对机站通风数值模拟结果进行检验与修正，进而确定高效机站结构及其通风性能。

2.1　通风机站相似模拟实验原理

相似模拟实验的理论基础是相似原理，相似模拟实验系统的构建需要保证实物与模型中所选取研究的物理量具备几何、运动、动力的相似。为分析方便，以下角标 0 和 m 分别表示实物和模型的变量。

（1）几何相似

几何相似是指实物与模型空间的相似，即实物与模型两种流态对应的线性尺寸保持一定的比例关系，对应的夹角相等。

$$\frac{L_0}{L_m} = C_1 \tag{2-1}$$

$$\theta_0 = \theta_m \tag{2-2}$$

式中：L、θ 分别为线性尺度及其相互夹角；C_1 为线性尺寸相似比例。

由此得周长 U 和面积 S 的相似比例分别为：

$$\frac{U_0}{U_m} = C_1 \tag{2-3}$$

$$\frac{S_0}{S_m} = C_1^2 \tag{2-4}$$

式中：U、S 分别为周长和面积。

（2）运动相似

运动相似是指实物与模型间对应点的速度保持同一比例且方向一致。

$$\frac{v_0}{v_m} = C_v \tag{2-5}$$

$$C_t = \frac{t_0}{t_m} = \frac{L_0/v_0}{L_m/v_m} = \frac{C_l}{C_v} \qquad (2-6)$$

$$C_a = \frac{a_0}{a_m} = \frac{\Delta v_0/\Delta t_0}{\Delta v_m/\Delta t_m} = \frac{C_v}{C_t} = \frac{C_v^2}{C_l} \qquad (2-7)$$

式中：v、t、a 分别为速度、时间和加速度；Δv、Δt 分别为速度增量和时间增量；C_v、C_t、C_a 分别为速度、时间和加速度相似比例。

所以实验时选择 $C_t = C_l$，则有 $C_v = 1$，即 $v_m = v_0$。

（3）动力相似

动力相似是指实物与模型对应点上所受的同名力（如重力、惯性力、压力等）方向保持一致且大小成一定比例。

通风机站的动力是机站的风压 H，因此机站的动力相似系数为：

$$C_H = \frac{H_0}{H_m} \qquad (2-8)$$

式中：H 为通风机站的风压；C_H 为动力相似比例。

因机站长度较短，其入风和出风端的标高相差微小，故可忽略其位压，则 H 为：

$$H = P_{t1} - P_{t2} \qquad (2-9)$$

式中：P_{t1}、P_{t2} 分别为通风机站的入风端和出风端全压。

根据能量平衡方程，有[6]：

$$H_0 = P_{t10} - P_{t20} = \frac{\alpha_0 L_0 U_0 v_0^2}{S_0} + \xi_0 \frac{\rho v_0^2}{2} = \frac{\alpha_0 L_m U_m v_m^2}{S_m} C_v^2 + \xi_0 \frac{\rho v_m^2}{2} C_v^2 \qquad (2-10)$$

$$H_m = P_{t1m} - P_{t2m} = \frac{\alpha_m L_m U_m v_m^2}{S_m} + \xi_m \frac{\rho v_m^2}{2} \qquad (2-11)$$

式中：ξ 为机站局部阻力系数；α 为机站入风端至出风端的摩擦阻力系数；ρ 为气流密度。

由于实验时选择 $C_t = C_l$，此时有 $v_m = v_0$、$C_v = 1$，因此式（2-10）可变为：

$$H_0 = P_{t10} - P_{t20} = \frac{\alpha_0 L_0 U_0 v_0^2}{S_0} + \xi_0 \frac{\rho v_0^2}{2} = \frac{\alpha_0 L_m U_m v_m^2}{S_m} + \xi_0 \frac{\rho v_m^2}{2} \qquad (2-12)$$

由式（2-11）和式（2-12）可以看出，实验时选取 $(P_{t10} - P_{t20}) = (P_{t1m} - P_{t2m})$、$\alpha_0 = \alpha_m$，则有：

$$\xi_0 = \xi_m \qquad (2-13)$$

式（2-13）表明，采用相似模拟实验系统，可以研究和确定通风机站的局部阻力系数。

2.2　通风机站相似模拟实验系统的构建

2.2.1　实物模型

参照一个铁矿北采区西风井 1 号回风石门巷道断面进行设计,以实际矿井通风机站布置巷道 120 m 为研究对象,断面摩擦阻力系数为 $72.2×10^{-4}N \cdot s^2/m^4$,巷道断面尺寸为 3 m×3.6 m,风机型号为 K40-6-19。

2.2.2　模拟模型

按照实物与模型的几何相似比例 6:1 构建通风机站相似模拟实验系统(图 2-1 和图 2-2)。根据几何相似求得模拟模型中机站巷道总长为 20 m,巷道断面宽度为 0.6 m,断面高度为 0.5 m,断面积为 0.3 m^2。

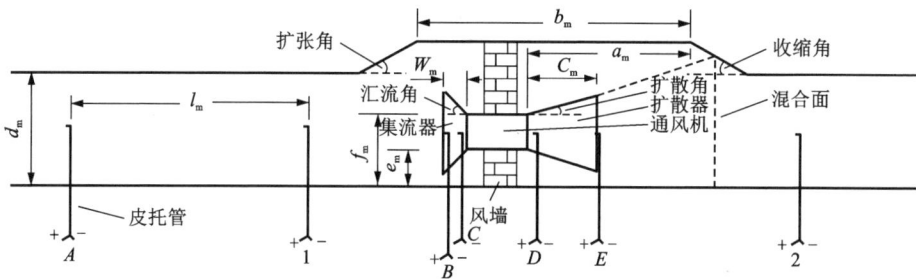

图 2-1　通风机站相似模拟实验系统示意图(俯视图)

本模拟模型为木质结构,采用碎石子均匀铺设巷道内壁面,平均高度为 0.01 m;在模型巷道出口处设置挡板,用于改变机站风阻;模拟模型采用分段式设计,便于拆卸、安装和移动,使得模型长度及断面尺寸可根据实验需要进行灵活调整;模型各段连接处均采用密封胶带填充,以保证其气密性;模型扩帮段巷道的斜面采用可转动的铰链连接,便于改变进风过渡段的扩张角和出风过渡段的收缩角;通风机安装断面用双层木板固定风机,同时通风机在断面的安装位置可实现灵活调节;在风速及压力测试断面固定测点探头;模拟模型使用螺栓和螺母对巷道壁面进行固定,以保证模型具有良好的稳定性和整体气密性。

按照相似原理中的动力相似原则,选用低噪声轴流式通风机 SFG-2.5-2$^{\#}$ 为通风机站相似模拟实验系统提供通风动力,该通风机叶片直径为 260 mm,具有风量大、体积较小、气动性能稳定的特点,符合实验要求。

图 2-2　通风机站相似模拟实验系统

2.2.2.1　测试断面及其测点布置

（1）测试断面

如图 2-1 所示，通风机站相似模拟实验系统的测试断面有 7 个，分别为：

①入风巷道测试断面两个，即断面 A、1。

②通风机集流器测试断面两个，即断面 B、C。

③通风机扩散器测试断面两个，即断面 D、E。

④出风巷道测试断面一个，即断面 2。

（2）测点布置

①矩形断面测点布置。入风巷道测试断面 A 与断面 1 以及出风巷道测试断面 2，均为宽×高 = 0.6 m×0.5 m 的矩形断面；将其断面分为 12 个等面积的小矩形，在每个等面积小矩形的中心布置测点，整个断面均匀布置 12 个测点，如图 2-3 所示。

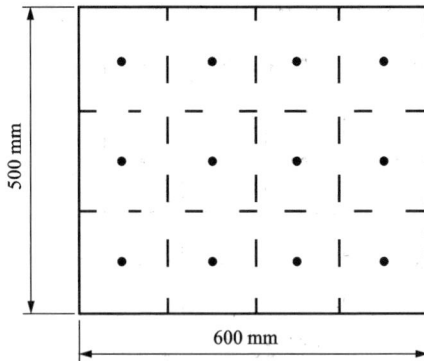

图 2-3　矩形断面测点布置

②圆形断面测点布置。通风机集流器测试断面 B、C 以及通风机扩散器测试断面 D、E，均为圆形断面；将圆形断面划分成若干个等面积的同心圆环，每一个等面积环里相应的有一个测点圆，如图 2-4 所示。用皮托管和压差计测定时，在互相垂直的两个直径上，可以布置测点测得每个测点圆的四个动压值，由这一系列的动压值，就可以计算出圆形断面的平均风速。

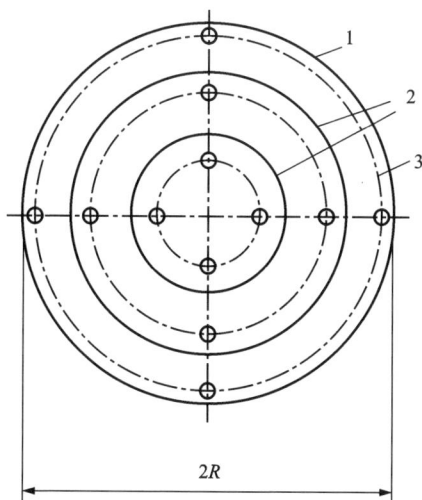

1—圆断面周界；2—等面积同心圆环界线；3—测点圆；R—圆断面半径。

图 2-4　矩形断面测点布置

测点圆数量 n 根据被测圆形断面直径确定，一般被测圆形断面直径为 300～600 mm 时 n 取 3，直径为 700～1000 mm 时 n 取 4。测点圆环半径 R_i 的计算式为[6]：

$$R_i = R\sqrt{\frac{2i-1}{2n}} \tag{2-14}$$

式中：R_i 为第 i 个测点圆半径，m；R 为圆形断面半径，m；n 为测点圆数量；i 为从圆形断面中心算起圆环序号。

2.2.2.2　测试仪器与方法

（1）采用 JFY-4 通风多参数检测仪测定实验环境大气压力 P、温度 t 和相对湿度 φ，根据温度和大气压力查表确定饱和水蒸气分压力 P_s，然后计算出空气的密度。

$$\rho = 0.003484\frac{P}{273+F}\left(1-\frac{0.378\varphi P_s}{P}\right) \tag{2-15}$$

式中：ρ 为空气的密度，kg/m³；F 为空气的温度，℃；P 为空气的绝对静压，Pa；φ 为空气的相对湿度，%；P_s 为同温度饱和空气中饱和水蒸气分压力，Pa。

（2）在每个测点布置一个皮托管，测试仪器和方法为：

①开动通风机使风流流动。

②将设置在同一点皮托管的"+"极及"−"极与补偿式微压计连接，以测定该点动压，根据动压和空气密度计算出该点的风速。

$$v_i = \sqrt{\frac{2H_v}{\rho}} \tag{2-16}$$

式中：v_i 为测点（$i=1, 2, 3, \cdots, m$）的风速，m/s；H_v 为测点的动压，Pa；ρ 为测点的空气密度，kg/m³。

测试断面平均风速为[6]：

$$v = \frac{v_1+v_2+\cdots+v_m}{m} \tag{2-17}$$

式中：v 为断面平均风速，m/s；$v_1, v_2, \cdots, v_m$ 为各测点风速，m/s；m 为测试断面测点数。

根据式（2-17）和式（2-16）可得测试断面的平均风速为：

$$v = \sqrt{\frac{2}{\rho}} \times \frac{\sqrt{H_{v1}}+\sqrt{H_{v2}}+\cdots+\sqrt{H_{vm}}}{m} \tag{2-18}$$

式中：$H_{v1}, H_{v2}, \cdots, H_{vm}$ 为各测点的动压，Pa。

③将测试断面上风速相同的测定点连接起来，即可获得测试断面等风速线分布图。

④将两测点设置的皮托管"+"极与补偿式微压计连接，可测定这两点间的全压差，因两测点间高差近似为零，该全压差即为这两点间空气运动的阻力。据此实验测定机站风压、通风机风压，实验测定机站进风段、集流器、扩散器、出风段的局部阻力和局部阻力系数。

⑤用机站（或通风机）的断面风速和断面积相乘得出机站（或通风机）的风量，将机站（或通风机）风压乘以机站（或通风机）风量得出机站（或通风机）输出功率，将机站输出功率与机站所有通风机输出功率之和相比得出机站效率。据此实验确定高效率通风机站的结构及其参数确定方法、局部阻力系数选取标准、适宜的通风参数等。

2.3 通风机站相似模拟实验系统性能测试

2.3.1 风流的紊流脉动性

风流中各点的流动参数（如流速 v、压力 P、密度 ρ 和温度 F 等）随时间作不规则变化，这种变化被称为紊流脉动。在矿井以及通风机站相似模拟实验系统巷道中，其风流的速度、压力等参数是不稳定的，存在瞬时的变化，这种变化的主要原因就是风流自身的紊流脉动特性。由于紊流脉动，矿井或实验系统巷道中风流流动参数的瞬时值是不断变化的，如图 2-5 所示。

虽然紊流流动参数的瞬时值 $u(t)$ 是随时间 t 的变化而不断变化的，但在一足够长的时间段 T 内，瞬时值 $u(t)$ 总是围绕着某一平均值 $\bar{u}$ 上下波动，该平均值 $\bar{u}$ 被称为流动参数时均值。

$$\bar{u} = \frac{1}{T}\int_{t_0}^{t_0+T} u(t)\,\mathrm{d}t \tag{2-19}$$

式中：$\bar{u}$ 为井巷断面上某点流动参数的时均值；t 为时间；t_0 为时刻；T 为计算的时间间隔，比脉动周期大得多，s；$u(t)$ 为该点流动参数的瞬时值，即实际值。

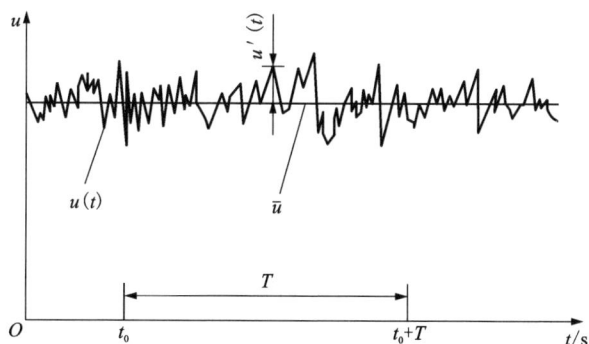

图 2-5　紊流速度的变化

紊流状态下风流流动参数的实际值 $u(t)$ 可以表示为时均值与脉动量 $u'(t)$ 之和，即

$$u(t) = \bar{u} + u'(t) \tag{2-20}$$

$$\bar{u}' = \frac{1}{T}\int_{t_0}^{t_0+T} u'(t)\,\mathrm{d}t = 0 \tag{2-21}$$

式中：$u'(t)$ 为该点风流流动参数的脉动量。

式（2-21）说明风流流动参数的脉动量在时均值下分布是均等的。

在矿井里，由于井巷系统、用风地点、矿井需风量以及通风机能力等参数在某一时期内变化不大，矿井正常通风期间风门的开启和提升设备的升降对局部风流产生瞬时扰动的影响也不大，因此一定时期内矿井系统中各断面风流流动参数的时均值 $\bar{u}$ 是稳定的。采用流动参数的时均值 $\bar{u}$ 后，井巷中空气的流动一般就可视为稳定流了。

2.3.2 风流参数测定时间

由于巷道风流的紊流脉动特性，在对巷道风速较低或者形状变化较大处的测点进行测量时，测量时间太短容易使测量结果产生较大的误差，因此需要适当延长测量时间，以获得更加准确的测量结果。延长测量时间，也能减少人为因素对实验测定结果的影响[12]；但测量时间长，其进行实验测定所需的时间就长，测量的成本就高，所以需要选择合理的测量时间。

实验测定表明[12]，空气流动实验中测量误差与测定时间存在一定的关联，见表2-1。由表2-1可以看出，在巷道风速不小于1.5 m/s时，测量时间不小于2 min时，其测量结果是很准确的；当巷道风速为1~1.5 m/s时，测量时间不小于5 min时，其测量结果是较为准确的。因此，在本次的机站相似模拟实验中，当巷道风速不小于1.5 m/s时测量时间为2 min，当巷道风速为1~1.5 m/s时测量时间为5 min。

表 2-1　测量误差与测量时间关联状况[12]

速度范围/(m · s^{-1})	测量时间/min	误差率/%
1.5 以上	1	≤1
1.0 到 1.5	1	≤5
1.0 到 1.5	3	≤3
小于 1.0	5	不确定

2.3.3 气密性测试

通风机站相似模拟实验系统应有较好的气密性，才能使实验结果具有较高的相似性。对模拟实验系统气密性测试中主要检测实验系统的漏风率，其测试步骤为：

①将模拟实验系统连接好，对分段连接处进行密封工作。

②连接测量仪器，接通通风机电源。

③运行通风机，在巷道风流稳定时测量测定断面的风压、入风与出风口巷道风量以及风速等参数。

④调整出风风口面积(通过增加挡板数来增大巷道的风阻)，重复实验和测量。

通风机站相似模拟实验系统气密性测试结果如表2-2所示。

表 2-2　通风机站相似模拟实验系统气密性测试数据

序号	风压 /Pa	进口风速 /(m·s⁻¹)	进口风量 /(m³·s⁻¹)	出口风速 /(m·s⁻¹)	出口风量 /(m³·s⁻¹)	漏风风量 /(m³·s⁻¹)	漏风率 /%
1	212.4	2.21	0.56	2.21	0.56	0	0
2	222.9	2.19	0.55	2.19	0.55	0	0
3	234.3	2.16	0.54	2.16	0.54	0	0
4	246.3	2.11	0.53	2.11	0.53	0	0
5	258.8	1.89	0.47	1.48	0.46	0.01	1.1
6	269.6	1.36	0.34	1.32	0.32	0.01	1.9

从表 2-2 中得出，随着巷道外阻增大，风机出口风压随之增大，巷道风速从 2.21 m/s 降低为 1.36 m/s；风压小于 246.3 Pa 时，漏风率基本为 0；风压达到 269.6 Pa 时，漏风率小于 2%。因此，通风机站相似模拟实验系统气密性较好，能够满足实验的要求。

在矿井通风机站中，机站通风机安装处的压力差最大，因而该处最易漏风，尤其在实验中对模拟实验系统进行改动时，每次改装后都应进行气密性检验，以保证测量数据的准确与可靠。

2.3.4　通风性能测试

（1）运行稳定性

由于在相似模拟实验过程中需要对大量的参数进行人工测量，并且测量过程存在一定的测量时间，因此要求通风机站相似模拟实验系统在实验过程中保持稳定运行状态，以保证机站通风相似模拟实验过程的相似和实验结果的准确。

在不同时间间隔对通风机站相似模拟实验系统的出风段断面进行风量测定，测定结果如图 2-6 所示。由此可知，通风机站相似模拟实验系统启动时间较短（3 min），且在 4 min 后风量趋于稳定，即该相似模拟实验系统在启动 4 min 后就能稳定运行。因此，在通风机站相似模拟实验时，应在通风机开启 4 min 后进行实验，以保证实验结果的准确和可靠。

（2）巷道摩擦阻力系数

在如图 2-1 所示的通风机站相似模拟实验系统中，测定断面 A 和断面 1 之间的距离 l_m、静压差 $P_A - P_1$，由于机站相似模拟实验系统水平放置，且断面 A 和断面 1 大小相等，因此断面 A 和断面 1 的位压和动压相等；又因断面 A 和断面 1 之间无局部阻力，所以有：

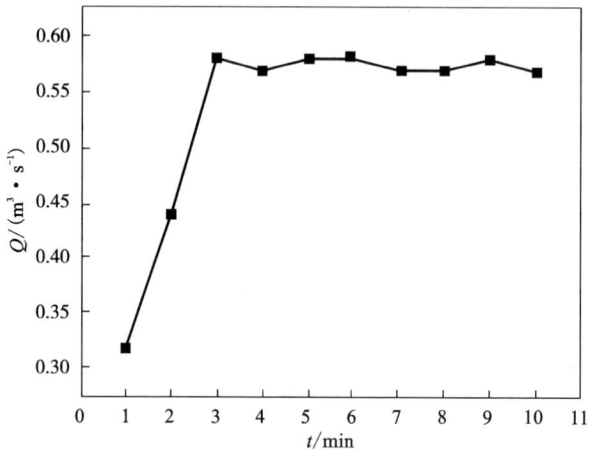

图 2-6　出风段风量与通风机开启时间的关系

$$h_{A-1} = P_A - P_1 \qquad (2-22)$$

$$h_{A-1} = \alpha \frac{l_m U}{S} v_1^2 \qquad (2-23)$$

式中：h_{A-1} 为断面 A 至断面 1 的摩擦阻力，Pa；l_m 为断面 A 至断面 1 的距离，m；U 为断面 1 的周长，m；S 为断面 1 的面积，m^2；v_1 为断面 1 的平均风速，m/s；P_A、P_1 分别为断面 A 和断面 1 的静压，Pa；α 为摩擦阻力系数，$N \cdot s^2/m^4$。

由式(2-22)和式(2-23)可得：

$$\alpha = \frac{h_{A-1} S}{l_m U v_1^2} \qquad (2-24)$$

根据式(2-24)测定出机站相似模拟实验系统的摩擦阻力系数基本稳定在 72.8×10^{-4} N·s^2/m^4，与实际机站巷道摩擦阻力系数 72.2×10^{-4} N·s^2/m^4 基本一致，说明该相似模拟实验系统巷道壁面条件设计符合要求，可以进行机站相似模拟实验研究。

(3)通风机风压特性曲线

通风机出厂时的特性曲线一般是在特定环境下测试得出的，由于通风机站相似模拟实验系统所在场地空气温度、湿度、密度的不同，以及通风机使用磨损对其性能的影响，所以在进行机站相似模拟实验之前需要对通风机风压特性曲线重新测定。

通过测定通风机入口或出口断面的相对静压、平均风速以及空气密度，可确定通风机不同运行阻力时的运行工况点，由此得实验系统通风机的 6 个工况点

(Q_f, H_f) 分别为 $(0.347, 365.8)$、$(0.486, 299.8)$、$(0.556, 270.2)$、$(0.611, 240.1)$、$(0.694, 184.8)$、$(0.833, 100.3)$。以通风机风量 Q_f 为横坐标、风压 H_f 为纵坐标，根据实验系统测得的通风机 6 个工况点 (Q_f, H_f) 作出的实验系统通风机风压特性曲线如图 2-7 所示。

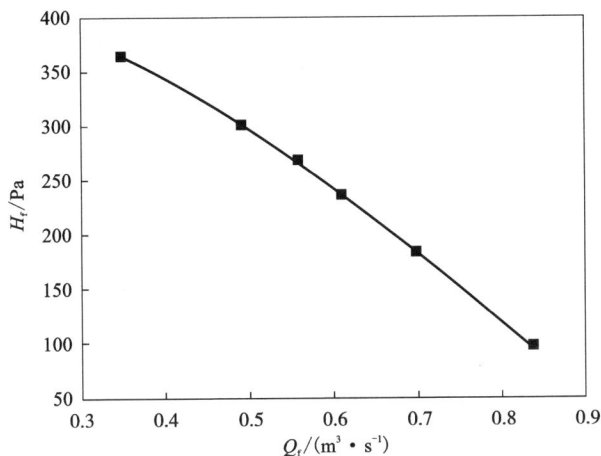

图 2-7　实验系统通风机风压特性曲线

研究表明[13]，通风机风压特性曲线的多项式拟合，其拟合次数并不是越高拟合精度就越高；一般 2 次或 3 次的拟合方程能够满足通风机稳定工作阶段的特性曲线拟合要求，而 5 次多项式拟合方程可以满足通风机各个工作阶段的特性曲线拟合要求。

由于实验系统通风机是在稳定工作阶段运行的，因此对图 2-7 所示的通风机风压特性曲线进行 3 次多项式拟合，得实验系统通风机风压特性曲线 3 次拟合方程为：

$$H_f = 443.3 - 46.95Q_f - 575.93Q_f^2 + 164.57Q_f^3 \qquad (2-25)$$

式 $(2-25)$ 的通风机风压特性曲线拟合方程相关系数为 0.99，可见其拟合精度很高，可以在机站相似模拟实验时，通过实测通风机的风量按式 $(2-25)$ 计算出通风机的风压。

第 3 章　集流器与扩散器

如图 3-1 所示的轴流式通风机，其集流器与扩散器是固有的重要辅助部件，它们通过改变通风机入口和出口风流的大小、方向和分布，起到降低通风机风流入口和出口局部阻力的作用。由于通风机站的通风阻力主要以机站出风段的局部阻力为主，因而在设置通风机站的轴流式通风机时，通常还需安装外接扩散器，以进一步降低机站出风段的局部阻力。

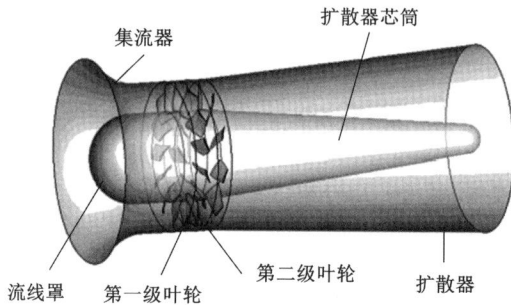

图 3-1　轴流式通风机示意图

3.1　集流器

集流器是通风机的重要辅助部件，与流线罩一起组成渐缩形流道，使气流在此加速，并在通风机的风流进口前建立起均匀的速度场和压力场，以降低风流流动损失，进而提高通风机效率。通风机集流器最常用的有三种形式（图 3-2），即圆弧形、圆锥形和圆筒形[14]，其对通风机入口段压力损失的影响如图 3-3 所示[15]，其中 ξ_j 为式（1-32）的机站入风段局部阻力系数（对应于机站通风机叶片处断面风速 v_f）。

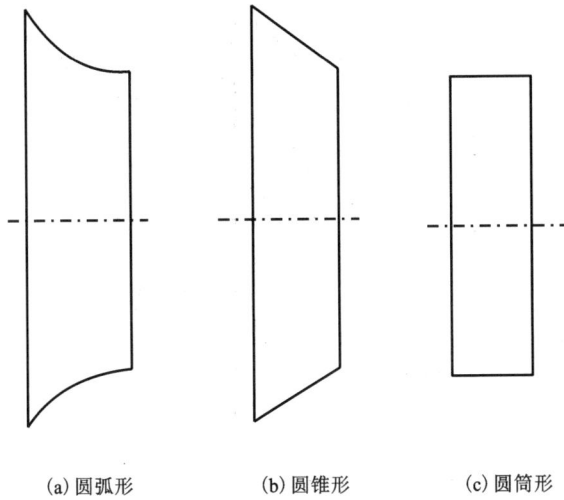

(a) 圆弧形　　　　　(b) 圆锥形　　　　　(c) 圆筒形

图 3-2　集流器常用形式示意图

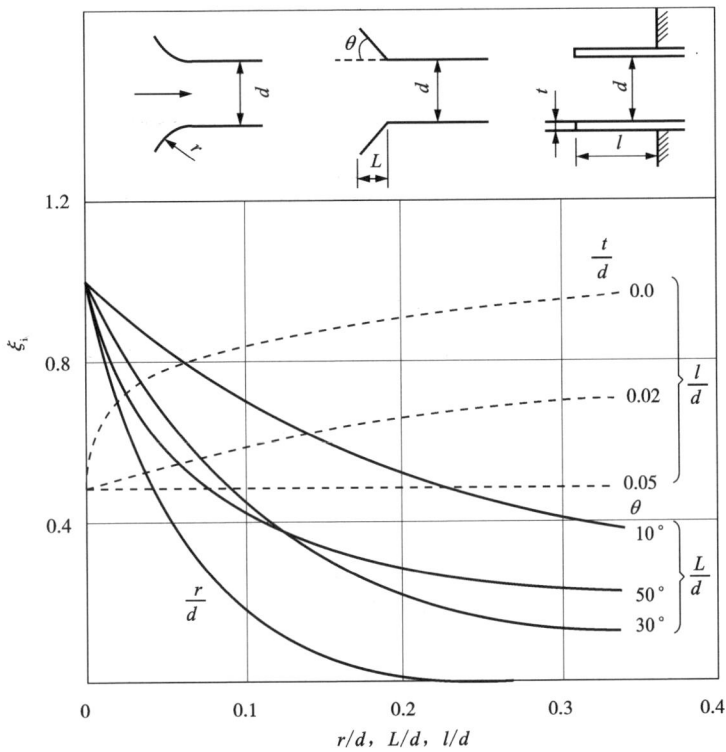

图 3-3　集流器形式对通风机入口段压力损失的影响[15]

由图 3-3 可以看出，就集流器的形式而言，圆弧形的压力损失最小，圆锥形的次之，圆筒形的最大；同一形式的集流器，其结构参数不同，集流器的压力损失也不同。可见，集流器的形式和结构对通风机性能影响很大，即形式不同的集流器，压力损失相差较大。同一形式的集流器，当结构设计合理其流动损失就较小，而结构设计不合理就会使其风流进口条件恶化进而导致其流动损失增大。

3.1.1 圆弧形集流器

3.1.1.1 机站入风段局部阻力系数

（1）测试系统与方法

①测试系统。构建如图 3-4 所示的圆弧形集流器机站入风段局部阻力系数测试系统，然后制作如表 3-1 所示的不同尺寸集流器，在不同巷道断面参数（见表 3-2）下进行机站入风段局部阻力系数测试试验。试验中要使通风机轴线与巷道轴线保持一致，以准确得出圆弧形集流器机站入风段局部阻力系数的选取标准。

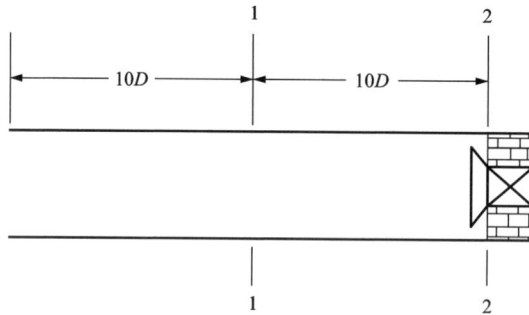

1、2—测试断面；D—测试断面当量直径。

图 3-4　圆弧形集流器机站入风段局部阻力系数测试系统

表 3-1　圆弧形集流器

集流器圆弧半径 r/m	0	0.04	0.06	0.08	0.10
r/d	0	0.15	0.23	0.31	0.38

注：d—通风机叶片直径。

②测试方法。对于图 3-4 所示的单风机通风机站，根据式（1-32）可得：

$$\xi_i = \frac{K_e}{2}\left(1 - \frac{S_{f1}}{S_1}\right)^2 \qquad (3-1)$$

式中：ξ_i 为机站入风段局部阻力系数（对应于机站通风机叶片处断面风速 v_f）；

S_{fl} 为通风机叶片处断面面积，m^2；S_1 为机站入口处巷道断面面积，m^2；K_e 为机站进口条件系数，其与通风机入风口结构相关，可从有关资料或通过实验求得，一般无集流器锐边入口的突然缩小 $K_e = 1.0$、通风机圆锥形集流器入口 $K_e = 0.15$、锐边小管段入口 $K_e = 1.20^{[7]}$。

由式(3-1)可以看出，当机站巷道断面和通风机选型确定后，影响机站入风段局部阻力系数的关键因素是，集流器不同曲率半径下的机站进口条件系数 K_e 的大小。

由于 1-2 断面距离很短，其摩擦阻力也很小，因而将其归入机站入风段局部阻力 h_i 予以一并计算。所以对于图 3-4 所示的机站通风系统，根据能量平衡定律有：

$$h_i = P_1 - P_2 \tag{3-2}$$

$$h_i = \xi_i \frac{1}{2} \rho v_{\mathrm{f}}^2 \tag{3-3}$$

式中：h_i 为机站入风段局部阻力，Pa；P_1、P_2 分别为断面 1-1 与断面 2-2 处静压，Pa；v_{f} 为通风机叶片处断面平均风速，$\mathrm{m/s}$；ρ 为风流密度，$\mathrm{kg/m}^3$。

由式(3-1)~式(3-3)可求得：

$$K_e = 4\left(1 - \frac{S_{\mathrm{fl}}}{S_1}\right)^{-2} \times \frac{P_1 - P_2}{\rho v_{\mathrm{f}}^2} \tag{3-4}$$

(2)测试结果

在图 3-4 所示的圆弧形集流器机站入风段局部阻力系数测试系统中，调整巷道断面为 0.5 m×0.5 m、0.5 m×0.6 m、0.6 m×0.6 m，在每一种断面条件下分别进行不同尺寸圆弧形集流器的机站入风段局部阻力测试，然后按式(3-4)计算出的机站进口条件系数 K_e 见表 3-2。

表 3-2　不同试验条件下的机站进口条件系数 K_e

断面/(m×m)	r/d				
	0	0.15	0.23	0.31	0.38
0.5×0.5	0.997	0.426	0.221	0.121	0.120
0.5×0.6	1.012	0.425	0.219	0.122	0.121
0.6×0.6	1.011	0.425	0.220	0.120	0.120

注：d—通风机叶片直径。

由表 3-2 可知，机站巷道断面一定时，圆弧形集流器曲率半径越大，K_e 越小。当 r/d 为 0.31 后，K_e 变化趋于平缓，说明集流器曲率半径增加到一定程度时,对于机站入口的降阻效果已不明显;因此,经济合理的 r/d 值是 0.31 左右,即 [0.30, 0.32]。

将表 3-2 中的断面 0.5 m×0.6 m 的 K_e 随 r/d 变化趋势进行曲线拟合(图 3-5),得出二者关系的拟合方程为:

$$K_e = 8.15\left(\frac{r}{d}\right)^2 - 5.64\frac{r}{d} + 1.086 \qquad (3-5)$$

式中: d 为通风机叶片直径,m; r 为圆弧形集流器的曲率半径,m。

式(3-5)的相关性系数为 0.989,说明该拟合方程可以作为式(1-32)计算圆弧形集流器机站入风段局部阻力系数时,其机站进口条件系数 K_e 的确定方程。

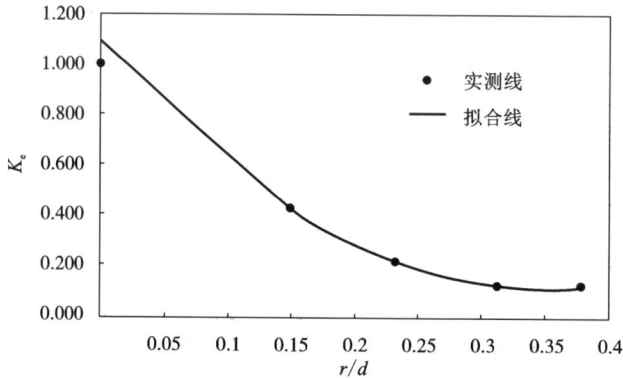

图 3-5 K_e 与 r/d 的拟合关系曲线

由图 3-5 可以看出,圆弧形集流器的进口条件系数 K_e 为:

①当 $r/d \geqslant 0.30$ 时, $K_e = 0.12$。

②当 $r/d < 0.30$ 时, K_e 可由式(3-5)确定。

3.1.1.2 合理结构参数

由图 3-5 可以看出,当 r/d 保持在 0.31 左右时,改变巷道断面对 K_e 影响不大, K_e 始终保持在 0.12 左右,可作为定值处理。据此可确定出圆弧形集流器的合理结构参数(图 3-6)为:

$$r = 0.30d, \quad L = 0.25d, \quad d' = 1.3d, \quad K_e = 0.12 \qquad (3-6)$$

式中: r 为圆弧形集流器的曲率半径,m; d 为通风机叶片直径,m; L 为集流器长度,m; d' 为圆弧形集流器入风口直径,m。

3.1.2 圆锥形集流器

由图 3-3 可以看出,圆锥形集流器 $\theta = 30°$ 时,机站入风段压力损失最小,

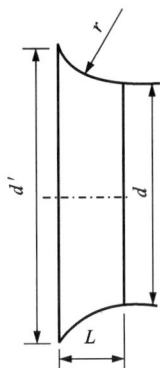

图 3-6　圆弧形集流器

当 $L/d \geqslant 0.25$ 时，机站入风段局部阻力系数(对应于机站通风机叶片处断面风速 v_f)$\xi_i = 0.15$。因此，圆锥形集流器的合理结构参数(图 3-7)为：

$$\theta = 30°, \ L = 0.25d, \ \xi_i = 0.15 \tag{3-7}$$

式中：θ 为圆锥形集流器的汇流仰角，(°)；ξ_i 为机站入风段局部阻力系数。

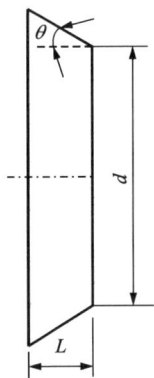

图 3-7　圆锥形集流器

3.2　外接扩散器

机站设置的通风机，一般为轴流式通风机。当机站设置 n 台轴流式通风机并联通风时，此时通风机一般为同型号的。对于轴流式通风机，当其未设置外接扩散器(图 3-1)时，其出风口就是轴流式通风机自身扩散器的出风口；当其设置外接扩散器时，其出风口就是外接扩散器的出风口。

3.2.1 未设置外接扩散器时机站出风段局部阻力系数

如图 3-8 所示，当机站设置 n 台同型号轴流式通风机并列通风时，风流从通风机出风口断面 $D\text{-}D$ 流至出风段风流混合面(即出风口扩张风流全部充满巷道的断面)时，根据能量平衡定律有：

$$h_{01} = P_D - P_b + \frac{1}{2}\rho v_D^2 - \frac{1}{2}\rho v_b^2 \qquad (3\text{-}8)$$

式中：h_{01} 为机站通风机未设置外接扩散器时的机站出风段局部阻力，Pa；P_D、P_b 分别为通风机出风口断面和出风段风流混合面的静压，Pa；ρ 为风流密度，kg/m^3；v_D、v_b 分别为通风机出风口断面和出风段风流混合面的风速，m/s。

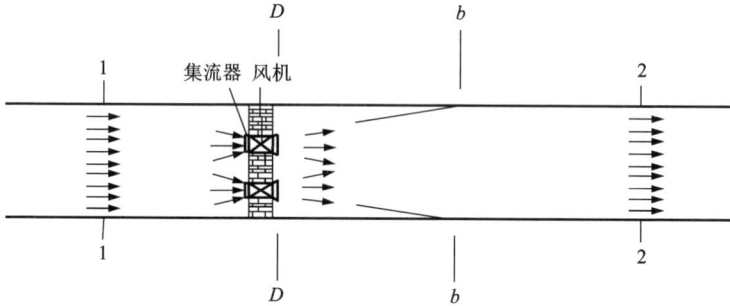

图 3-8 机站通风机未设置外接扩散器(俯视)

通风机出风口断面 $D\text{-}D$ 至出风段风流混合面，由于风速大幅度降低，所以静压有所升高，其风流流动的动量方程为[7]：

$$(P_b - P_D)S_b = n\rho Q_f(v_D - v_b) = \rho Q_b(v_D - v_b) \qquad (3\text{-}9)$$

式中：S_b 为出风段风流混合面的面积，m^2；n 为机站并联的同型号通风机数量；Q_f 为每台通风机的风量，m^3/s；Q_b 为出风段风流混合面的风量，m^3/s。

由于 $v_b = Q_b/S_b$，式(3-9)可得：

$$(P_b - P_D) = \rho v_b(v_D - v_b) \qquad (3\text{-}10)$$

将式(3-10)代入式(3-8)可得：

$$h_{01} = \frac{\rho}{2}(v_D - v_b)^2 \qquad (3\text{-}11)$$

根据风流运动的风量平衡定律有：

$$\frac{v_b}{v_D} = \frac{S_D}{S_b} \qquad (3\text{-}12)$$

式中：S_D 为通风机出风口断面的面积，m^2。

将式(3-12)代入式(3-11)得：

$$h_{01} = \frac{\rho v_D^2}{2}\left(1 - \frac{S_D}{S_b}\right)^2 \tag{3-13}$$

由式(3-13)可知，机站通风机未设置外接扩散器时的机站出风段局部阻力系数(对应于机站风机出风口风速 v_D)为：

$$\xi_{01} = \left(1 - \frac{S_D}{S_b}\right)^2 \tag{3-14}$$

式中：ξ_{01} 为机站通风机未设置外接扩散器时机站出风段的局部阻力系数(对应于机站风机出风口风速)。

由式(3-14)可以看出，直巷型机站的通风机未设置外接扩散器时，出风段局部阻力系数的影响因素是机站通风机出风口断面积与巷道断面积的比值，其比值越接近于 1，出风段局部阻力系数越小。因此，有必要设置机站通风机外接扩散器形成机站通风机装置，使得机站通风机装置出风口断面积与巷道断面积的比值尽量趋近于 1。

3.2.2　设置外接扩散器时机站出风段局部阻力系数

一个理想的扩散器，能有效避免风流经过时产生涡流和反风区段[16]。机站局部阻力中起主要作用的是出风段局部阻力，尤其是通风机入风口安装有集流器的通风机站[17]。在巷道壁的限制下，多台通风机并联作业时出口安设扩散器后，根据巷道断面逐渐扩大的局部阻力计算公式[6]及式(3-14)，机站出口段局部阻力系数(对应于机站风机出风口风速 v_D)为[17, 18]：

$$\xi_0 = \xi_k + \xi_{02} = \frac{\alpha}{\rho\sin\dfrac{\theta}{2}}\left(1 - \frac{S_D^2}{S_k^2}\right) + \left(1 - \frac{S_D}{S_k}\right)^2\sin\theta + \left(1 - \frac{nS_k}{S_b}\right)^2\left(\frac{S_D}{S_k}\right)^2 \tag{3-15}$$

$$l = \frac{d_k - d_D}{2\tan\dfrac{\theta}{2}} \tag{3-16}$$

$$S_k = \frac{\pi}{4}d_k^2, \quad S_D = \frac{\pi}{4}d_D^2 \tag{3-17}$$

式中：ξ_k 为外接扩散器局部阻力系数(对应于机站风机出风口风速，即外接扩散器入风口风速)；ξ_{02} 为外接扩散器出口扩大局部阻力系数(对应于机站风机出风口风速)；ξ_0 为机站通风机设置外接扩散器时机站出风段的局部阻力系数(对应于机站风机出风口风速)；α 为风流流动的摩擦阻力系数，N·s²/m⁴；ρ 为风流密度，kg/m³；θ 为外接扩散器的扩张角，(°)；S_k 为外接扩散器出口断面积，m²；n 为通风机站并联通风机的台数；l 为外接扩散器长度，m；d_k 为外接扩散器出口直径，m；d_D 为通风机出口直径(即外接扩散器入风口直径)，m。

由式(3-16)和式(3-17)可得：

$$\frac{d_k}{d_D} = 1 + 2\frac{l}{d_D}\tan\frac{\theta}{2} \tag{3-18}$$

$$\frac{S_k}{S_D} = \left(1 + 2\frac{l}{d_D}\tan\frac{\theta}{2}\right)^2 \tag{3-19}$$

由式(3-15)、式(3-18)和式(3-19)可以看出，对于特定通风机的直巷型机站，通风机出口直径 d_D 和出风段风流混合面面积 S_b 是一定的，因此机站出口段局部阻力系数主要由外接扩散器的扩张角 θ 及外接扩散器长度 l 与机站通风机出口直径 d_D 之比决定。

令 $x = \tan\dfrac{\theta}{2}$，$y = \dfrac{l}{d_D}$，$A = \dfrac{nS_D}{S_b}$，则有：

$$\sin\frac{\theta}{2} = \frac{x}{\sqrt{1+x^2}}, \quad \sin\theta = \frac{2x}{1+x^2}, \quad \frac{S_k}{S_D} = (1+2yx)^2$$

代入式(3-15)，得：

$$\xi_0 = \frac{\alpha}{\rho}\left[1 - \frac{1}{(1+2yx)^4}\right]\sqrt{1 + \frac{1}{x^2}} + \frac{2x}{1+x^2}\left[1 - \frac{1}{(1+2yx)^2}\right] + \frac{[1 - A(1+2yx)^2]^2}{(1+2yx)^4}$$

$$\tag{3-20}$$

可见，对于直巷型通风机站，设置外接扩散器时机站出风段的局部阻力系数 ξ_0 是由外接扩散器的扩张角 θ、扩散器长度 l 与机站通风机出口直径 d_D 之比 y、机站所有通风机出口总面积 nS_D 与出风段风流混合面面积 S_b(即机站出风端巷道断面的面积)之比 A 共同影响和决定的。

3.2.2.1 外接扩散器最优扩张角及其变化规律

由式(3-20)可知，当 y 与 A 一定时，机站通风机外接扩散器将存在一个最优的扩张角 θ_0，使得机站出风段的局部阻力系数 ξ_0 最小。

(1)当 $A = 0$ 时机站出风段局部阻力系数及其最优扩张角

当 $A = 0$ 时，即为自由空间的自由射流。在 $A = 0$ 时，由式(3-20)可求得 $y = 0.385$、0.769、1.154、1.923、3.846、5.769 条件下，不同扩张角 θ 的机站出风段局部阻力系数 ξ_0，见表3-3和图3-9，由此确定出其最优扩张角 θ_0 如表3-7和图3-13所示。

表 3-3　$A=0$ 时不同 y 值条件下机站出风段局部阻力系数 ξ_0 随扩张角 θ 的变化

$\theta/(°)$	$x=\tan(\theta/2)$	ξ_0					
		$y=5.769$	$y=3.846$	$y=1.923$	$y=1.154$	$y=0.769$	$y=0.385$
8.5	0.07431	0.2298	0.2888	0.4525	0.5919	0.6931	0.8249
10	0.08749	0.2276	0.2717	0.4159	0.5524	0.6573	0.8004
11.5	0.1007	0.2340	0.2656	0.3898	0.5203	0.6265	0.7780
13	0.1139	0.2460	0.2671	0.3723	0.4947	0.6002	0.7575
14.5	0.1272	0.2617	0.2742	0.3616	0.4747	0.5779	0.7390
16	0.1405	0.2799	0.2851	0.3566	0.4596	0.5593	0.7222
17.5	0.1539	0.2999	0.2988	0.3561	0.4487	0.5440	0.7071
19	0.1673	0.3210	0.3146	0.3594	0.4416	0.5317	0.6936
20.5	0.1808	0.3428	0.3318	0.3657	0.4376	0.5222	0.6816
22	0.1944	0.3652	0.3500	0.3746	0.4366	0.5151	0.6710
23.5	0.2080	0.3878	0.3689	0.3856	0.4380	0.5102	0.6618
25	0.2217	0.4106	0.3882	0.3983	0.4415	0.5074	0.6538
26.5	0.2355	0.4335	0.4076	0.4125	0.4470	0.5064	0.6470
28	0.2493	0.4563	0.4271	0.4278	0.4541	0.5071	0.6413
29.5	0.2633	0.4789	0.4466	0.4440	0.4626	0.5093	0.6367
31	0.2773	0.5014	0.4658	0.4610	0.4724	0.5128	0.6331
32.5	0.2915	0.5236	0.4847	0.4785	0.4833	0.5176	0.6304
34	0.3057	0.5456	0.5032	0.4965	0.4951	0.5234	0.6285
35.5	0.3201	0.5672	0.5214	0.5148	0.5077	0.5302	0.6275
37	0.3346	0.5885	0.5390	0.5333	0.5209	0.5379	0.6273
38.5	0.3492	0.6095	0.5561	0.5520	0.5347	0.5464	0.6278
40	0.3640	0.6300	0.5726	0.5707	0.5490	0.5556	0.6289

注：选取 $\alpha=0.0038\ \mathrm{N\cdot s^2/m^4}$，$\rho=1.15\ \mathrm{kg/m^3}$。

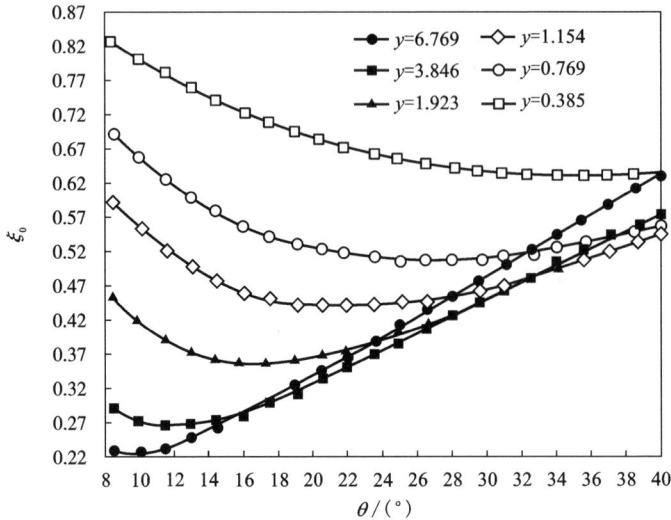

图 3-9　$A=0$ 时不同 y 值条件下机站出风段局部阻力系数 ξ_0 与扩张角 θ 的关系曲线

（2）当 $A=0.176$ 时机站出风段局部阻力系数及其最优扩张角

当 $A \neq 0$ 时，即为有限空间的有限射流。在 $A=0.176$ 时，由式（3-20）可求得 $y=0.385$、0.769、1.154、1.923、3.846、5.769 条件下，不同扩张角 θ 的机站出风段局部阻力系数 ξ_0，见表 3-4 和图 3-10，由此确定出其最优扩张角 θ_0 如表 3-7 和图 3-13 所示。

表 3-4　$A=0.176$ 时不同 y 值条件下机站出风段局部阻力系数 ξ_0 随扩张角 θ 的变化

$\theta/(°)$	$x=\tan(\theta/2)$	ξ_0					
		$y=5.769$	$y=3.846$	$y=1.923$	$y=1.154$	$y=0.769$	$y=0.385$
6.5	0.05678	0.1581	0.1979	0.3164	0.4142	0.4827	0.5690
8	0.06993	0.1564	0.1799	0.2799	0.3770	0.4502	0.5476
9.5	0.08309	0.1664	0.1760	0.2556	0.3478	0.4229	0.5284
11	0.09629	0.1831	0.1814	0.2410	0.3256	0.4002	0.5111
12.5	0.1095	0.2038	0.1932	0.2340	0.3092	0.3816	0.4957
14	0.1228	0.2268	0.2092	0.2331	0.2980	0.3668	0.4821
15.5	0.1361	0.2513	0.2280	0.2370	0.2912	0.3554	0.4702
17	0.1495	0.2766	0.2488	0.2448	0.2883	0.3470	0.4598

续表3-4

$\theta/(°)$	$x=\tan(\theta/2)$	ξ_0					
		$y=5.769$	$y=3.846$	$y=1.923$	$y=1.154$	$y=0.769$	$y=0.385$
18.5	0.1629	0.3023	0.2708	0.2558	0.2886	0.3414	0.4510
20	0.1763	0.3282	0.2935	0.2693	0.2918	0.3382	0.4435
21.5	0.1899	0.3541	0.3167	0.2848	0.2974	0.3373	0.4374
23	0.2035	0.3798	0.3400	0.3019	0.3052	0.3384	0.4326
24.5	0.2171	0.4054	0.3633	0.3204	0.3149	0.3413	0.4289
26	0.2309	0.4306	0.3864	0.3398	0.3261	0.3458	0.4263
27.5	0.2447	0.4556	0.4092	0.3601	0.3388	0.3519	0.4248
29	0.2586	0.4802	0.4317	0.3810	0.3526	0.3592	0.4243
30.5	0.2726	0.5044	0.4537	0.4023	0.3674	0.3677	0.4247
32	0.2867	0.5282	0.4751	0.4240	0.3831	0.3773	0.4260
33.5	0.3010	0.5517	0.4960	0.4458	0.3995	0.3878	0.4280
35	0.3153	0.5746	0.5163	0.4677	0.4165	0.3992	0.4309
36.5	0.3298	0.5972	0.5360	0.4897	0.4339	0.4113	0.4344
38	0.3443	0.6193	0.5550	0.5116	0.4518	0.4240	0.4386

注：选取 $\alpha=0.0038$ N·s^2/m^4，$\rho=1.15$ kg/m^3。

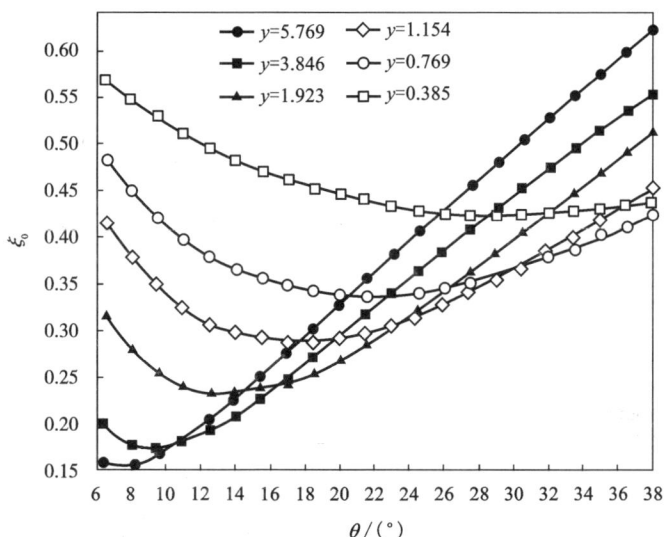

图 3-10　$A=0.176$ 时不同 y 值条件下机站出风段局部阻力系数 ξ_0 与扩张角 θ 的关系曲线

（3）当 $A=0.25$ 时机站出风段局部阻力系数及其最优扩张角

当 $A\neq 0$ 时，即为有限空间的有限射流。在 $A=0.25$ 时，由式（3-20）可求得 y $=0.385$、0.769、1.154、1.923、3.846、5.769 条件下，不同扩张角 θ 的机站出风段局部阻力系数 ξ_0，见表 3-5 和图 3-11，由此确定出其最优扩张角 θ_0 如表 3-7 和图 3-13 所示。

表 3-5 $A=0.25$ 时不同 y 值条件下机站出风段局部阻力系数 ξ_0 随扩张角 θ 的变化

$\theta/(°)$	$x=\tan(\theta/2)$	ξ_0					
		$y=5.769$	$y=3.846$	$y=1.923$	$y=1.154$	$y=0.769$	$y=0.385$
6	0.05241	0.1367	0.1647	0.2609	0.3424	0.3995	0.4714
7	0.06116	0.1365	0.1530	0.2372	0.3187	0.3791	0.4582
8	0.06993	0.1426	0.1488	0.2195	0.2988	0.3611	0.4459
9	0.07870	0.1530	0.1501	0.2069	0.2822	0.3452	0.4345
10	0.08749	0.1662	0.1556	0.1985	0.2688	0.3314	0.4240
11	0.0963	0.1814	0.1641	0.1937	0.2580	0.3194	0.4143
12	0.1051	0.1978	0.1750	0.1921	0.2497	0.3092	0.4055
13	0.1139	0.2151	0.1876	0.1931	0.2437	0.3007	0.3974
14	0.1228	0.2330	0.2016	0.1963	0.2397	0.2936	0.3901
15	0.1317	0.2513	0.2165	0.2015	0.2375	0.2880	0.3835
16	0.1405	0.2697	0.2321	0.2084	0.2370	0.2837	0.3776
17	0.1495	0.2882	0.2483	0.2167	0.2380	0.2807	0.3723
18	0.1584	0.3068	0.2648	0.2262	0.2403	0.2788	0.3677
19	0.1673	0.3253	0.2815	0.2368	0.2439	0.2780	0.3637
20	0.1763	0.3437	0.2984	0.2482	0.2485	0.2781	0.3603
21	0.1853	0.3620	0.3153	0.2605	0.2542	0.2793	0.3575
22	0.1944	0.3801	0.3322	0.2734	0.2608	0.2812	0.3552
23	0.2035	0.3981	0.3490	0.2869	0.2682	0.2840	0.3535
24	0.2126	0.4160	0.3658	0.3008	0.2764	0.2876	0.3522
25	0.2217	0.4336	0.3823	0.3152	0.2852	0.2918	0.3514
26	0.2309	0.4511	0.3987	0.3298	0.2947	0.2968	0.3512
27	0.2401	0.4684	0.4149	0.3448	0.3047	0.3023	0.3513

注：选取 $\alpha=0.0038\ N\cdot s^2/m^4$，$\rho=1.15\ kg/m^3$。

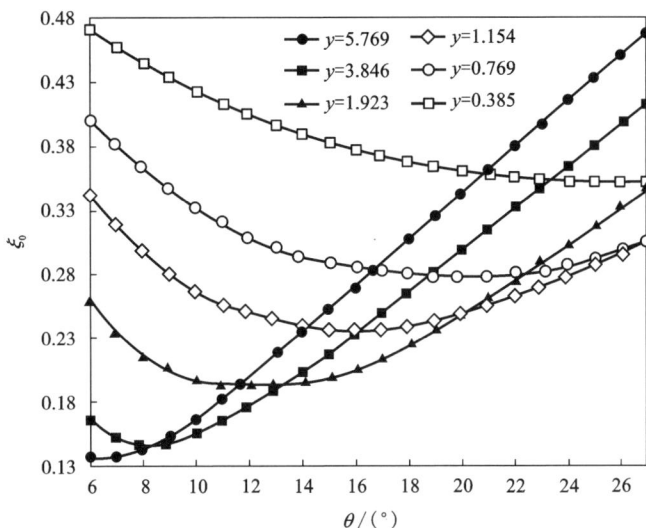

图 3-11 A = 0.25 时不同 y 值条件下机站出风段局部阻力系数 ξ_0 与扩张角 θ 的关系曲线

(4) 当 A = 0.5 时机站出风段局部阻力系数及其最优扩张角

当 A ≠ 0 时,即为有限空间的有限射流。在 A = 0.5 时,由式(3-20)可求得 y = 0.385、0.769、1.154、1.923、3.846、5.769 条件下,不同扩张角 θ 的机站出风段局部阻力系数 ξ_0,见表 3-6 和图 3-12,由此确定出其最优扩张角 θ_0 如表 3-7 和图 3-13 所示。

表 3-6 A = 0.5 时不同 y 值条件下机站出风段局部阻力系数 ξ_0 随扩张角 θ 的变化

$\theta/(°)$	$x = \tan(\theta/2)$	ξ_0					
		$y = 5.769$	$y = 3.846$	$y = 1.923$	$y = 1.154$	$y = 0.769$	$y = 0.385$
3	0.026186	0.1119	0.1189	0.1552	0.1837	0.2023	0.2241
4	0.034921	0.1046	0.0992	0.1299	0.1623	0.1853	0.2141
5	0.043661	0.1129	0.0939	0.1126	0.1452	0.1709	0.2051
6	0.052408	0.1300	0.0982	0.1021	0.1320	0.1589	0.1969
7	0.061163	0.1521	0.1093	0.0970	0.1223	0.1489	0.1896
8	0.069927	0.1770	0.1249	0.0965	0.1156	0.1410	0.1832
9	0.078702	0.2032	0.1436	0.0997	0.1116	0.1349	0.1775
10	0.087489	0.2299	0.1644	0.1060	0.1101	0.1304	0.1726
11	0.096289	0.2567	0.1866	0.1150	0.1108	0.1276	0.1685

续表3-6

$\theta/(°)$	$x = \tan(\theta/2)$	ξ_0					
		$y = 5.769$	$y = 3.846$	$y = 1.923$	$y = 1.154$	$y = 0.769$	$y = 0.385$
12	0.10510	0.2832	0.2096	0.1260	0.1134	0.1262	0.1651
13	0.11394	0.3093	0.2331	0.1388	0.1178	0.1262	0.1623
14	0.12278	0.3349	0.2568	0.1531	0.1236	0.1274	0.1602
15	0.13165	0.3600	0.2806	0.1687	0.1309	0.1297	0.1588
16	0.14054	0.3844	0.3042	0.1852	0.1394	0.1332	0.1579
17	0.14945	0.4084	0.3276	0.2026	0.1491	0.1376	0.1577
18	0.15838	0.4317	0.3507	0.2206	0.1597	0.1430	0.1580
19	0.16734	0.4545	0.3734	0.2392	0.1712	0.1492	0.1588
20	0.17633	0.4769	0.3958	0.2582	0.1834	0.1562	0.1602
21	0.18534	0.4987	0.4178	0.2776	0.1964	0.1640	0.1621
22	0.19438	0.5201	0.4394	0.2972	0.2100	0.1724	0.1644
23	0.20345	0.5410	0.4605	0.3170	0.2242	0.1815	0.1672
24	0.21256	0.5615	0.4812	0.3370	0.2388	0.1911	0.1705

注：选取 $\alpha = 0.0038 \text{ N} \cdot \text{s}^2/\text{m}^4$，$\rho = 1.15 \text{ kg/m}^3$。

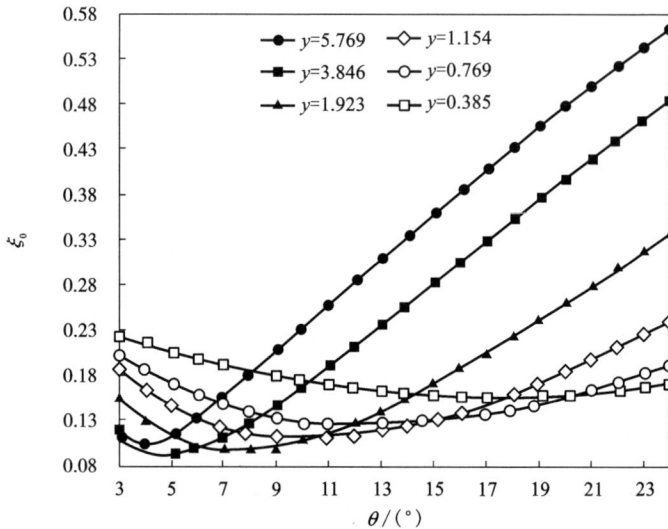

图3-12　$A = 0.5$ 时不同 y 值条件下机站出风段局部阻力系数 ξ_0 与扩张角 θ 的关系曲线

(5)外接扩散器最优扩张角变化规律

由表 3-3~表 3-6、图 3-9~图 3-12 确定的外接扩散器最优扩张角见表 3-7，据此得出不同 A 值时外接扩散器最优扩张角随 $y = l/d_D$ 的变化规律如图 3-13 所示。

表 3-7　不同 A 及 y 值时外接扩散器的最优扩张角

y	最优扩张角 $\theta_0/(°)$			
	$A=0$	$A=0.176$	$A=0.25$	$A=0.5$
0.385	37.2	29.1	26.1	17
0.769	26.8	21.7	19.7	12.7
1.154	21.3	18	16	10.2
1.923	17.2	14	12.5	7.8
3.846	12.5	9.5	8.8	5.5
5.769	10.3	8.5	7.2	4

注：选取 $\alpha = 0.0038\ \mathrm{N \cdot s^2/m^4}$，$\rho = 1.15\ \mathrm{kg/m^3}$。

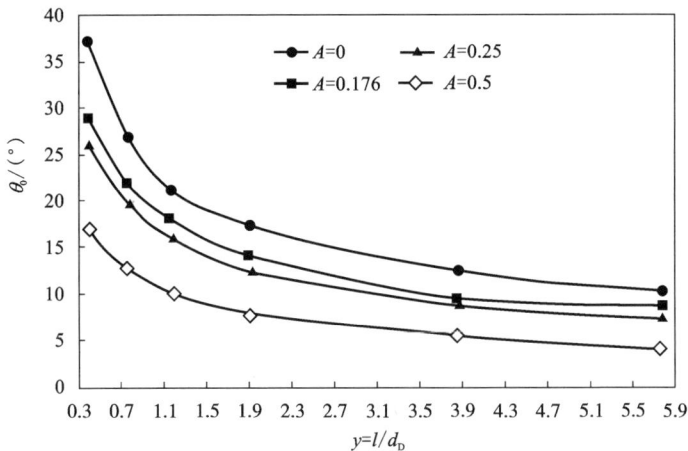

图 3-13　不同 A 值时外接扩散器最优扩张角随 $y = l/d_D$ 的变化规律

由图 3-13 可以看出，外接扩散器最优扩张角的变化规律为：

①y(扩散器长度 l 与机站通风机出口直径 d_D 之比)一定时，随着 A(机站所有通风机出口总面积与出风段风流混合面面积之比)减小，外接扩散器最优扩张角增大，且以 $A=0$(自由射流)时为最大。

②A 一定时，随着 y 的增大，外接扩散器最优扩张角减小，且 y 越小其减小幅度越大，y 越大其减小幅度越小；在 $y>1.176$ 时，其减小幅度明显变缓。

3.2.2.2 实验确定最优扩张角验证局部阻力系数公式

（1）外接扩散器相似模拟实验装置

基于矿井通风机站相似模拟实验系统，参照直巷型通风机站的一般参数，构建如图 3-14 所示的外接扩散器相似模拟实验装置。该装置的巷道断面为 0.6 m（宽）×0.5 m（高），通风机出口直径 $d_D=0.26$ m，通风机置于机站巷道中心。选用白铁皮材料，制作长度 l 均为 0.5 m，出口直径分别为 0.36 m、0.38 m、0.40 m、0.42 m、0.44 m 的多个外接扩散器，分别测定其通风机站出风段局部阻力，并与其无外接扩散器时的通风机站出风段局部阻力进行对比，见表 3-8。

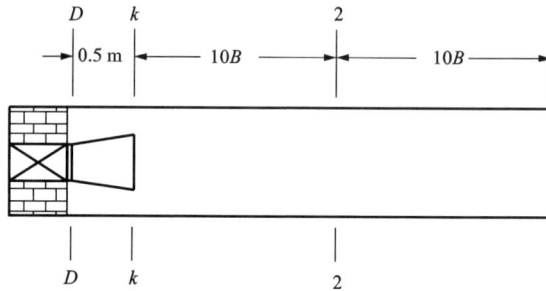

图 3-14　外接扩散器相似模拟实验装置（B 为巷道宽度）

表 3-8　$A=0.176$、$y=1.923$ 时机站出风段局部阻力系数 ξ_0 随扩张角 θ 变化的实验结果

l/m	d_D/m	A	$y=l/d_D$	外接扩散器扩张角 θ/(°)	外接扩散器出口直径 d_k/m	风机出口静压 P_D/Pa	风机出口风速 v_D/(m·s^{-1})	测量断面静压 P_2/Pa	巷道风速 v_2/(m·s^{-1})	局部阻力 h_0/Pa	局部阻力系数 ξ_0
0	0.26	0.176	0			188.5	10.30	209.0	2.19	40.4	0.633
0.50	0.26	0.176	1.923	11.4	0.36	188.3	10.47	240.5	2.22	10.7	0.161
				13.6	0.38	201.8	10.19	251.7	2.16	9.6	0.154
				15.9	0.40	187.3	10.53	240.8	2.23	10.1	0.151
				18.2	0.42	202.1	10.27	252.1	2.18	10.4	0.165
				20.4	0.44	201.7	10.17	249.7	2.16	11.3	0.181

注：①巷道风流密度 $\rho=1.20$ kg/m^3；②ξ_0 对应于机站风机出口风速。

（2）实验计算方法与结果

如图 3-14 所示，通风机出口断面 D-D 与风流测定断面 2-2 之间的能量平衡方程为：

$$h_0 = P_D - P_2 + \frac{1}{2}\rho v_D^2 - \frac{1}{2}\rho v_2^2 \qquad (3-21)$$

式中：h_0 为机站通风机设置外接扩散器时的机站出风段局部阻力，Pa；P_D、P_2 分别为通风机出口 D-D 与断面 2-2 处静压，Pa；ρ 为风流密度，kg/m³；v_D、v_2 分别为通风机出口 D-D 与断面 2-2 平均风速，m/s。

根据式（3-21）测定出机站出风段局部阻力 h_0，则机站出风段的局部阻力系数为：

$$\xi_0 = \frac{2h_0}{\rho v_D^2} \qquad (3-22)$$

式中：ξ_0 为机站通风机设置外接扩散器时机站出风段的局部阻力系数（对应于机站风机出口风速）。

根据式（3-21）与式（3-22），机站通风机设置外接扩散器时出风段局部阻力系数相似模拟实验结果如表 3-8 所示。由表 3-8 可知，机站通风机出口安装了外接扩散器后，机站出风段局部阻力系数减小 70% 左右，说明机站通风机出口安装外接扩散器是机站有效的降阻措施，机站出风段局部阻力降低效果显著。

（3）实验确定最优扩张角验证局部阻力系数公式

根据表 3-8 的实验结果，可得图 3-15 所示的 $A = 0.176$、$y = 1.923$ 时机站出风段局部阻力系数 ξ_0 随扩张角 θ 变化的实验曲线。由此可以看出，在 $A = 0.176$、$y = l/d_D = 1.923$ 时，实验确定的外接扩散器最优扩张角为 14.7°。考虑到实验测定中的误差，可以认为在 $A = 0.176$、$y = l/d_D = 1.923$ 时，实验确定的最优扩张角与式（3-20）确定的最优扩张角 14°（见表 3-7）基本一致。所以，式（3-20）可以用于机站设置外接扩散器时出风段局部阻力系数的计算。

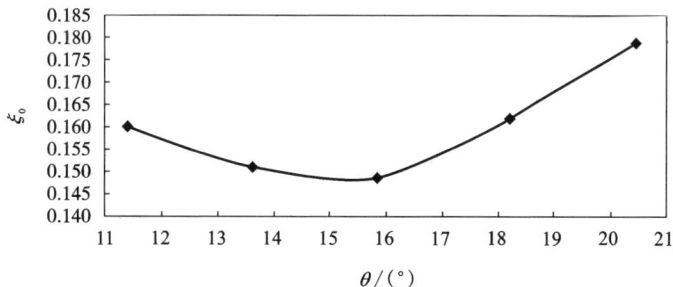

图 3-15　$A = 0.176$、$y = 1.923$ 时机站出风段局部阻力系数 ξ_0 随扩张角 θ 变化的实验曲线

3.2.2.3 外接扩散器合理结构参数及机站出风段局部阻力系数

（1）外接扩散器合理长度 l_0

根据表 3-7 所示不同 A 及 y 值时外接扩散器的最优扩张角，按式（3-20）计算出不同 A 及 y 值时外接扩散器最优扩张角条件下，其机站出风段的局部阻力系数 ξ_0，如表 3-9 所示。

表 3-9　外接扩散器最优扩张角 θ_0 时机站出风段局部阻力系数 ξ_0

$y = l/d_D$	最优扩张角 θ_0 时的 ξ_0			
	$A = 0$	$A = 0.176$	$A = 0.25$	$A = 0.5$
0.385	0.6273	0.4243	0.3512	0.1577
0.769	0.5064	0.3373	0.2780	0.1260
1.154	0.4367	0.2881	0.2370	0.1101
1.923	0.3559	0.2331	0.1923	0.0963
3.846	0.2672	0.1765	0.1499	0.0951
5.769	0.2283	0.1588	0.1373	0.1046

依据表 3-9 数据，作如图 3-16 所示的不同 A 值时外接扩散器最优扩张角条件下 ξ_0 与 y 的关系曲线。由此可以看出，随着外接扩散器的长度增加，其最优扩张角下的机站出风段局部阻力系数 ξ_0 在降低，且降低幅度随着其长度的增大而减小，如在扩散器的长度为 $l = 1.923d_D$ 以后，继续增大 l 值对降低机站出风段的局部阻力系数 ξ_0 的作用很小；而且在实际通风工程中，外接扩散器越长，加工、运输及安装也越复杂，成本也越高，因此外接扩散器的合理长度 $l_0 = 1.923\,d_D$。

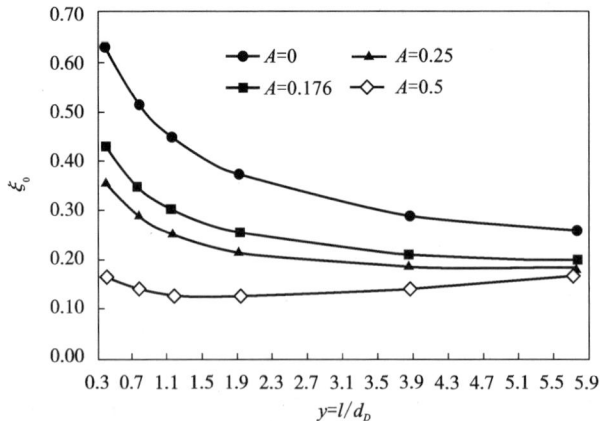

图 3-16　不同 A 值时外接扩散器最优扩张角条件下 ξ_0 与 y 的关系曲线

（2）外接扩散器最优扩张角 θ_0

根据表 3-9 数据，作出如图 3-17 所示的不同 y 值时 θ_0-A 散点图，由此可以看出不同 y 值时 θ_0-A 呈线性关系，即

$$\theta_0 = a + bA \qquad y = c \tag{3-23}$$

式中：θ_0 为外接扩散器最优扩张角，（°）；A 为机站所有通风机出口总面积与出风段风流混合面面积之比；y 为扩散器长度与机站通风机出口直径之比；c 为大于 0 的数值；a、b 为模型参数。

针对式（3-23）的 θ_0-A 线性回归模型，采用表 3-7 数据进行一元线性回归分析，得到不同的 $y = c$ 时 θ_0-A 线性回归模型参数 a、b 的取值如表 3-10 所示。通过分析模型的线性相关性系数 r 可知，模型精度很高，可以用于 $y = c$ 时不同 A 值下外接扩散器最优扩张角 θ_0 的确定计算。

表 3-10　不同 y 值时 θ_0-A 线性回归模型参数及其取值

模型参数	模型参数值					
c	5. 769	3. 846	1. 923	1. 154	0. 769	0. 385
a	10. 46	12. 27	17. 24	21. 57	26. 74	36. 64
b	−12. 77	−13. 80	−18. 85	−22. 43	−28. 15	−40. 12
r	−0. 9972	−0. 9962	−0. 9999	−0. 9981	−0. 9999	−0. 9977

注：r 为 θ_0 与 A 的线性相关性系数，r 的绝对值愈接近 1，θ_0 与 A 的线性相关性越好。

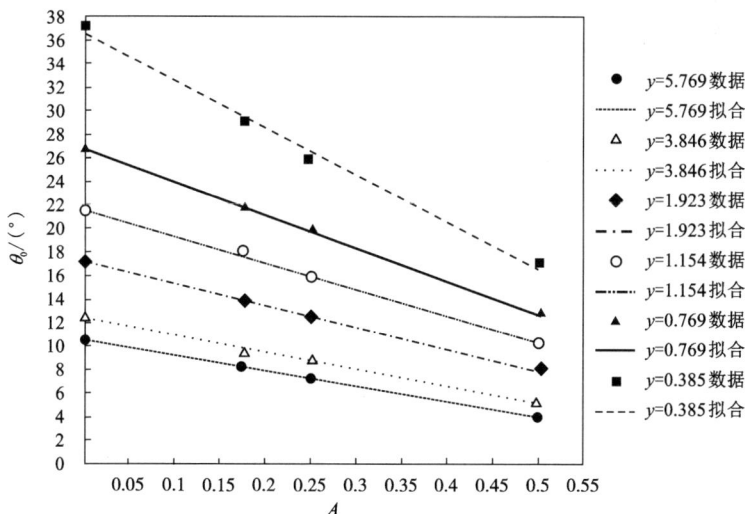

图 3-17　不同 y 值时外接扩散器的最优扩张角 θ_0 与 A 的关系曲线

（3）机站出风段局部阻力系数

机站通风机外接扩散器合理结构参数时，其机站出风段局部阻力系数可按式（3-20）确定。

3.3　机站降噪

3.3.1　通风机噪声源

机站通风机在一定工况下运转时，产生的噪声主要包括空气动力性噪声和机械性噪声两部分，其中空气动力性噪声的强度最大[19]。

（1）通风机空气动力性噪声

通风机的空气动力性噪声按产生机理可分为旋转噪声和涡流（湍流）噪声。

①旋转噪声，是由旋转的叶片周期性地打击空气质点引起的空气压力脉动产生的。其频率为[20]：

$$f_r = \frac{nz}{60} i \tag{3-24}$$

式中：f_r 为旋转噪声频率，Hz；n 为风机转速，r/min；z 为叶片数；i 为谐波序号，i =1，2，3，…

$i=1$ 时，f_r 代表离散峰值的基频，因与通风机叶片旋转频率相同，所以这种离散峰值噪声又称为旋转噪声。旋转噪声取决于叶片的负荷或通风机入口调整门节流强度，叶片在大流量区而负荷比较小时，该类型噪声占噪声的主要部分[19]。

②涡流（湍流）噪声，是通风机旋转时高速气流在叶片界面叶顶间隙中分离产生涡流，涡流分离时产生的压缩和稀疏，以声波的形式传播形成的。其频率为[20]：

$$f_i = Sr \frac{W}{L} i \tag{3-25}$$

式中：Sr 为斯特劳哈尔常数，$Sr=0.14 \sim 0.20$，一般可取 0.185；W 为气体与叶片的相对速度，m/s；L 为叶片正表面宽度在垂直于速度平面上的投影，m；i 为谐波序号，$i=1$，2，3，…

由式（3-25）可知，通风机涡流噪声频率主要与气流和叶片表面的相对速度 W 有关，W 又与工作轮的圆周线速度 u 有关，u 是随着工作轮各点到转轴轴心距离而变化的，所以涡流噪声是一种宽带的连续谱。当叶片工作在小流量区而负荷比较大时，该类型噪声占噪声主要部分。

通风机的空气动力性噪声，就是旋转噪声与涡流噪声相互叠加的结果。

（2）通风机机械性噪声

通风机机组的机械性噪声主要是联轴器或皮带传动产生的冲击和摩擦噪声，以及排气管、调压阀等振动引起的噪声。主要噪声源有驱动电机的电磁声、冷却风扇的噪声和机壳辐射噪声等[19]。

3.3.2 通风机噪声辐射部位

若对通风机噪声进行有效控制，就必须弄清其噪声源和辐射部位。

通风机噪声的辐射部位主要有：①进气口和出气口辐射的空气动力性噪声。②机壳、电机、轴承等辐射的机械性噪声。③基础振动辐射的固体声。

在这几部分噪声中，以进、出气口部位辐射的空气动力性噪声最强，因此在传播路径上首先应考虑对这部分噪声进行控制。

3.3.3 通风机降噪技术

（1）通风机入风口安装圆弧形集流器或半圆形整流罩降噪

如表 3-11 所示，轴流式通风机安装圆弧形集流器后，可以使通风机入风口降噪 11 dB 左右；安装圆弧形集流器和半圆形整流罩后，可以使通风机入风口降噪 12 dB 左右。可见，机站通风机在安装圆弧形集流器后，其通风机入风口降噪效果显著。

表 3-11　轴流式通风机不同入风口结构噪声试验结果[21]

序号	入风口结构	A 声级前右/dB	A 声级前左/dB	转速/ (r·min⁻¹)
1	有圆弧形集流器，有半圆形整流罩	83.8	84.9	2927
2	有圆弧形集流器，没有整流罩	85.1	85.8	2926
3	没有集流器，没有整流罩	96.8	97.4	2916
5	没有集流器，有半圆形整流罩	97.0	97.3	2928

在圆弧形集流器内安装圆形整流罩，在一定程度上可以减少涡流的出现，改善弯头速度场，减小风流的阻力和振动时产生的噪声。经过比较分析，在圆弧形集流器内部设置纵断面圆心角为 90° 的整流罩（即半圆形整流罩），降噪效果最好[22]。

研究表明[23]，集流器的圆弧半径大小对通风机入口降噪效果有一定的影响。如集流器的圆弧半径太小，则气流进入集流器时不能均匀加速，不均匀的入风口流场不但使流动阻力增加，而且会使通风机的入口噪声增大。若采用 2 段圆弧构成的喇叭口,这就增大了集流器的圆弧半径,可使气流在集流器和半圆形整流罩之间均匀加速,有利于降低通风机的入口噪声。

(2)通风机出风口安装扩散器或导流罩降噪

在轴流式通风机出风口安装扩散器和导流罩,可使出风流场更加均匀,有利于阻止涡流噪声[19, 24]。

由于轴流式通风机在运行过程中容易发生失速,进而演变成喘振现象,严重威胁着通风机的安全运行;故通风机出风口安装扩散器和导流罩,也有助于判断通风机是否发生了失速现象,以便及时进行通风机工况调整,避免通风机的不安全运行[19]。

(3)通风机入风口或出风口加装紊流装置降噪

在通风机叶片的入风口或出风口加紊流化装置(即金属网),可使叶片背面层流附面层立即转换为紊流附面层,推迟叶片背面附面层的分离,有助于通风机降噪[19, 20]。加网后,由于增加了气动阻力,通风机的风量、风压及效率有所降低。

第4章 矿井有风墙通风机站

4.1 直巷型有风墙通风机站

直巷型有风墙通风机站(图4-1),因其结构简单、建设费用低以及通风阻力小,所以成为一种应用最广泛的通风机站。

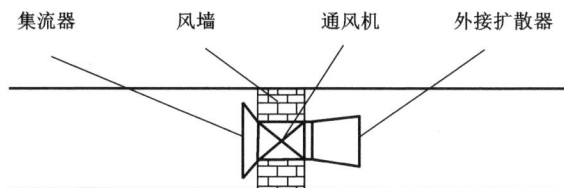

图4-1 直巷型有风墙通风机站

对于直巷型有风墙通风机站,根据式(1-16)可知,对应于机站出风端巷道风速的机站局部阻力系数 ξ_z 为:

$$\xi_z = K_c(\xi_i + K_0\xi_o) \tag{4-1}$$

式中:ξ_z 为直巷型机站局部阻力系数(对应于机站出风端巷道风速);ξ_i、ξ_o 分别为机站入风段、出风段局部阻力系数(对应于机站出风端巷道风速);K_c 为考虑风流旋绕损失和多通风机风流碰撞损失的综合影响系数,其值为 0.43~1.38(并联通风机台数越多,取值越高),可按式(1-19)计算确定[7, 8];K_0 为机站出风段井巷边壁粗糙度影响系数,可按式(1-17)的哈廖夫公式计算[7]。

4.1.1 机站入风段结构及其局部阻力系数

4.1.1.1 机站通风机无集流器

根据风流运动的风量平衡定律,由式(1-31)可得 n 台无集流器的通风机并联而成的机站,其锐边入风口入风时入风段局部阻力系数(对应于机站出风端巷道风速 v_2)为:

$$\xi_{i1} = \frac{1}{2} \times \left(1 - \frac{nS_f}{S_1}\right)^2 \left(\frac{S_2}{nS_f}\right)^2 \tag{4-2}$$

式中：ξ_{i1} 为无集流器机站锐边入风口入风时机站入风段局部阻力系数（对应于机站出风端巷道风速 v_2）；S_f 为通风机叶片处的过流断面积，m^2；n 为并联通风机的台数；S_1 为机站入口处巷道断面积，m^2；S_2 为机站出风端巷道断面积，m^2。

4.1.1.2 机站通风机有集流器

根据风流运动的风量平衡定律，由式（1-32）可得 n 台设有集流器的通风机并联而成的机站，入风段局部阻力系数（对应于机站出风端巷道风速 v_2）为：

$$\xi_i = \frac{K_e}{2}\left(1 - \frac{nS_f}{S_1}\right)^2 \times \left(\frac{S_2}{nS_f}\right)^2 \tag{4-3}$$

式中：S_2 为机站出口处巷道断面积，m^2；K_e 为机站进口条件系数，其与通风机入风口结构相关，可从有关资料或通过实验求得，一般无集流器锐边入口的突然缩小 $K_e = 1.0$、通风机圆锥形集流器入口 $K_e = 0.15$、锐边小管段入口 $K_e = 1.20$[7]。

（1）圆弧形集流器

1）进口条件系数

由 3.1.1.1 可知，圆弧形集流器的进口条件系数 K_e 为：

①当 $r/d \geqslant 0.30$ 时，$K_e = 0.12$。

②当 $r/d < 0.30$ 时，K_e 可由式（3-5）确定。

其中 d 为通风机叶片直径，r 为圆弧形集流器的曲率半径。

2）合理结构参数

由 3.1.1.2 可知，圆弧形集流器合理结构参数为 $r = 0.30d$、$L = 0.25d$、$d' = 1.3d$、$K_e = 0.12$，其中 L 为集流器长度，d' 为圆弧形集流器入风口直径。

（2）圆锥形集流器

由 3.1.2 可知，圆锥形集流器的合理结构参数为 $\theta = 30°$、$L = 0.25d$，其机站入风段局部阻力系数（对应于机站出风端巷道风速 v_2）为：

$$\xi_i = 0.15 \times \left(\frac{S_2}{nS_f}\right)^2 \tag{4-4}$$

式中：ξ_i 为圆锥形集流器合理结构参数时机站入风段局部阻力系数（对应于机站出风端巷道风速 v_2）；S_f 为通风机叶片处的过流断面积，m^2；n 为并联通风机的台数；S_2 为机站出风端巷道断面积，m^2。

4.1.2 机站出风段结构及其局部阻力系数

4.1.2.1 机站通风机未设置外接扩散器

根据风流运动的风量平衡定律，由式（3-14）可知，机站通风机未设置外接扩散器时机站出风段局部阻力系数（对应于机站出风端巷道风速 v_2）为：

$$\xi_{o1} = \left(1 - \frac{nS_D}{S_b}\right)^2 \left(\frac{S_2}{nS_D}\right)^2 \tag{4-5}$$

式中：ξ_{o1} 为机站通风机未设置外接扩散器时机站出风段的局部阻力系数（对应于机站出风端巷道风速 v_2）；S_b 为出风段风流混合面的面积，m^2；n 为并联通风机的台数；S_D 为通风机出风口断面的面积，m^2。

4.1.2.2　机站通风机设置外接扩散器

（1）机站出风段局部阻力系数

根据风流运动的风量平衡定律，由式（3-20）可知，机站通风机设置外接扩散器时机站出风段局部阻力系数（对应于机站出风端巷道风速 v_2）为：

$$\xi_o = \left\{ \frac{\alpha}{\rho} \left[1 - \frac{1}{(1+2yx)^4} \right] \sqrt{1 + \frac{1}{x^2}} + \frac{2x}{1+x^2} \left[1 - \frac{1}{(1+2yx)^2} \right] + \frac{[1-A(1+2yx)^2]^2}{(1+2yx)^4} \right\} \times \left(\frac{S_2}{S_D} \right)^2 \tag{4-6}$$

$$x = \tan\frac{\theta}{2}, \quad y = \frac{l}{d_D}, \quad A = \frac{nS_D}{S_b}, \quad S_D = \frac{\pi}{4}d_D^2 \tag{4-7}$$

式中：ξ_o 为机站通风机设置外接扩散器时机站出风段的局部阻力系数（对应于机站出风端巷道风速 v_2）；α 为通风的摩擦阻力系数，$N \cdot s^2/m^4$；ρ 为风流密度，kg/m^3；θ 为外接扩散器的扩张角，（°）；l 为外接扩散器长度，m；d_D 为通风机出口直径（即外接扩散器入风口直径），m；n 为并联通风机的台数；S_D 为通风机出口断面（即外接扩散器入风口断面）的面积，m^2；S_b 为出风段风流混合面的面积，m^2；A 为机站所有通风机出口总面积（即所有外接扩散器入风口总断面）与出风段风流混合面面积之比；y 为扩散器长度与机站通风机出口直径之比；x 为扩散角之半的正切值。

（2）外接扩散器合理结构参数及机站出风段局部阻力系数

①外接扩散器合理长度 l_0。由 3.2.2.3 可知，外接扩散器合理长度 $l_0 = 1.923d_D$。

②外接扩散器最优扩张角 θ_0。由式（3-23）可知，外接扩散器长度 $l_0 = 1.923d_D$ 时，其最优扩张角为：

$$\theta_0 = 17.24 - 18.85A \tag{4-8}$$

式中：θ_0 为外接扩散器最优扩张角，（°）；A 为机站所有通风机出口总面积（即所有外接扩散器入风口总断面）与出风段风流混合面面积之比。

③机站出风段局部阻力系数。可按式（4-6）和式（4-7）计算确定。

4.2　扩帮型有风墙通风机站形式

当巷道断面无法满足机站设计所需空间时，常采用扩帮型通风机站。按照扩帮的方式，扩帮型有风墙通风机站分为单侧扩帮型（图 4-2）和双侧扩帮型（图 4-3）两种。

当1台通风机能够提供机站要求的风量时,可以采用图1-10所示的设置1台通风机的单侧扩帮型有风墙通风机站;当1台通风机不能满足机站风量要求时,而2台通风机并联风量又剩余不多时,可以采用如图4-2所示的设置2台通风机的单侧扩帮型有风墙通风机站。

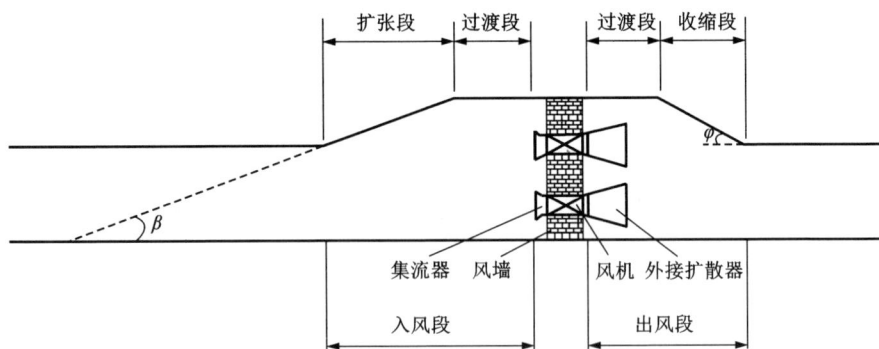

β—入风段扩张角;φ—回风段收缩角。

图4-2 单侧扩帮型有风墙通风机站形式(俯视)

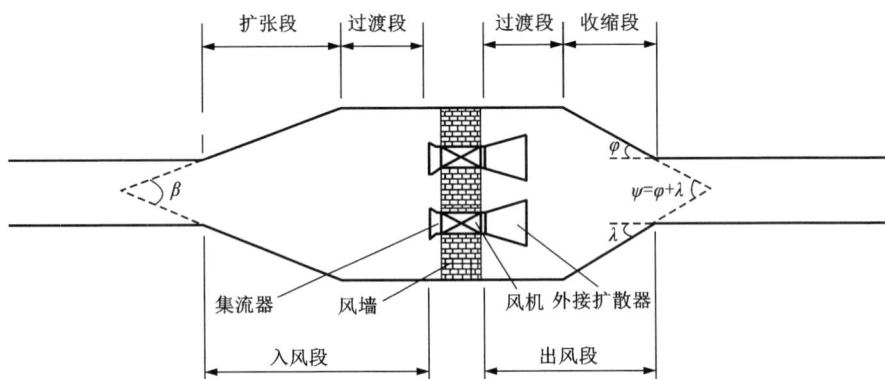

(a)双风机双侧扩帮型

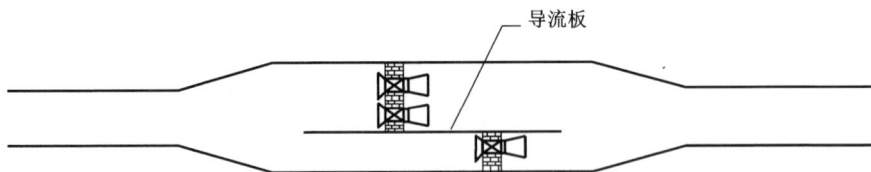

(b)三风机加导流板双侧扩帮型

β—入风段扩张角;φ—出风段单侧收缩角;λ—出风段单侧收缩角;ψ—出风段收缩角。

图4-3 双侧扩帮型有风墙通风机站形式(俯视)

　　当机站进、出风端的巷道断面较小，机站可用的通风机额定风量也较小，而机站风量及其要求的调节幅度又较大时，就可以采用如图 4-3 所示的设置 2 台或 3 台通风机的双侧扩帮型有风墙通风机站。

　　将图 4-2 和图 4-3 与图 4-1 进行比较，可得：

　　①扩帮型有风墙通风机站的入风段，可以看作扩帮型有风墙机站入风扩张段与直巷型有风墙机站入风段的组合。其入风段局部阻力为扩帮型有风墙机站入风扩张段局部阻力与直巷型有风墙机站入风段局部阻力二者之和。

　　②扩帮型有风墙通风机站的出风段，可以看作扩帮型有风墙机站出风收缩段与直巷型有风墙机站出风段的组合。其出风段局部阻力为扩帮型有风墙机站出风收缩段局部阻力与直巷型有风墙机站出风段局部阻力二者之和。

　　③扩帮型有风墙通风机站，可以看作扩帮型有风墙机站入风扩张段、直巷型有风墙机站以及扩帮型有风墙机站出风收缩段的组合。其局部阻力为扩帮型有风墙机站入风扩张段局部阻力、直巷型有风墙机站局部阻力以及扩帮型有风墙机站出风收缩段局部阻力三者之和。

4.3　扩帮型有风墙通风机站结构及其局部阻力系数

　　由于扩帮型有风墙通风机站的局部阻力，是扩帮型有风墙机站入风扩张段局部阻力、直巷型有风墙机站局部阻力以及扩帮型有风墙机站出风收缩段局部阻力三者之和，因此扩帮型有风墙通风机站的局部阻力系数为[18]：

$$\xi = K_k \xi_k + \xi_z + \varepsilon_s \xi_s \tag{4-9}$$

式中：ξ 为扩帮型机站局部阻力系数（对应于机站出风端巷道风速）；ξ_z 为直巷型机站局部阻力系数（对应于机站出风端巷道风速），按式（4-1）计算；ξ_k、ξ_s 分别为扩帮型机站入风扩张段、出风收缩段的局部阻力系数（对应于机站出风端巷道风速）；K_k 为巷道粗糙度对扩帮型机站入风扩张段局部阻力系数影响的校正系数，可按式（1-17）的哈廖夫公式计算[7]；ξ_s 为巷道粗糙度对扩帮型机站出风收缩段局部阻力系数影响的校正系数，可按式（1-18）的哈廖夫公式计算[7]。

4.3.1　扩帮型机站入风扩张段结构及其局部阻力系数

　　根据巷道断面逐渐扩大的局部阻力计算公式[6]，扩帮型机站入风扩张段局部阻力系数（对应于机站入风端巷道风速）为：

$$\xi_{k0} = \frac{\alpha}{\rho \sin \dfrac{\beta}{2}} \left(1 - \frac{S_1^2}{S_m^2}\right) + \left(1 - \frac{S_1}{S_m}\right)^2 \sin \beta \tag{4-10}$$

式中：ξ_{k0} 为扩帮型机站入风扩张段局部阻力系数（对应于机站入风端巷道风速）；

α 为风流流动的摩擦阻力系数，N·s^2/m^4；ρ 为风流密度，kg/m^3；β 为扩帮型机站入风扩张段的扩张角，(°)；S_1 为扩帮型机站入风端巷道断面积，m^2；S_m 为扩帮型机站入风扩张段末端断面积，m^2。

令 $u = \sin\dfrac{\beta}{2}$，$z = \dfrac{S_1}{S_m}$，则有 $\sin\beta = u\sqrt{1-u^2}$，代入式（4-10），得：

$$\xi_{k0} = \frac{\alpha}{\rho} \times \frac{1-z^2}{u} + 2(1-z)^2 \times u\sqrt{1-u^2} \qquad (4-11)$$

对于特定的扩帮型机站，风流的摩擦阻力系数 α 与风流密度 ρ 是一定的，因此扩帮型机站入风扩张段局部阻力系数的主要影响因素是入风扩张段扩张角 β 和入风扩张段面积扩张比 z（即入风端巷道断面积 S_1 与扩张段末端断面积 S_m 之比，显然 $0 < z < 1$）。

①扩帮型机站入风扩张段局部阻力系数，随着入风扩张段面积扩张比 z（$0 < z < 1$）的趋近于 1 而减小、趋近于 0 而增大。

②在入风扩张段面积扩张比 z 一定时，存在一个入风扩张段最优扩张角 β_0，可使扩帮型机站入风扩张段局部阻力系数最小。

4.3.1.1　入风扩张段最优扩张角及其变化规律

当入风扩张段面积扩张比 z 一定时，对式（4-11）两边求导得：

$$\frac{d\xi_{k0}}{du} = -\frac{\alpha}{\rho} \times \frac{1-z^2}{u^2} + 2(1-z)^2 \times \frac{1-2u^2}{\sqrt{1-u^2}} \qquad (4-12)$$

令 $\dfrac{d\xi_{k0}}{du} = 0$，则有

$$\frac{u^2(1-2u^2)}{\sqrt{1-u^2}} = \frac{\alpha(1+z)}{2\rho(1-z)} \qquad (4-13)$$

根据式（4-13），求得扩帮型机站入风段不同扩张比时的最优扩张角如表 4-1 和图 4-4 所示。由图 4-4 可以看出，扩帮型机站入风段的最优扩张角随扩张比 z 的增大而增大，且在扩张比 $z > 0.85$ 后其增大幅度大幅度提高。为此，对图 4-4 的不同扩张比的最优扩张角进行自然对数函数（$y = ae^{bx}$，其中 a、b 为拟合常数）的分段（即 $0 < z \leqslant 0.85$ 段、$0.85 \leqslant z < 1$ 时段）拟合，其拟合结果见表 4-1 和图 4-5 所示。

表 4-1　扩帮型机站出风扩张段最优扩张角及其拟合方程

扩张比 z	最优扩张角 $\beta_0/(°)$	拟合值	绝对误差/(°)	拟合方程
0.1	7.26	6.40	0.86	
0.15	7.64	6.93	0.71	
0.2	8.05	7.52	0.53	
0.25	8.49	8.15	0.34	
0.3	8.97	8.84	0.13	
0.35	9.49	9.58	−0.09	
0.4	10.07	10.38	−0.32	$0<z\leqslant0.85$ 时，$\beta_0=5.44e^{1.61z}$
0.45	10.71	11.26	−0.55	相关系数 $R=0.9843$
0.5	11.44	12.20	−0.77	
0.55	12.27	13.23	−0.96	
0.6	13.25	14.34	−1.09	
0.65	14.42	15.55	−1.13	
0.7	15.86	16.86	−1.00	
0.75	17.70	18.27	−0.57	
0.8	20.21	19.81	0.40	
0.85	23.95	21.48	2.47	$0.85\leqslant z<1$ 时，$\beta_0=0.0144e^{8.59z}$
0.9	30.55	33.01	−2.46	相关系数 $R=0.9815$
0.95	50.19	50.73	−0.54	

注：选取 $\alpha=0.0075\ N\cdot s^2/m^4$，$\rho=1.15\ kg/m^3$。

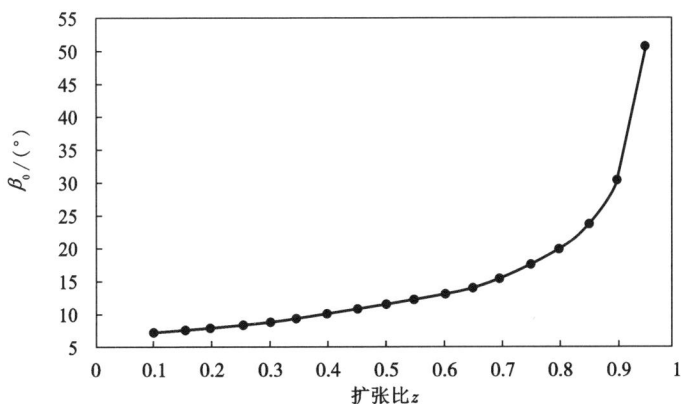

图 4-4　扩帮型机站入风段不同扩张比时的最优扩张角

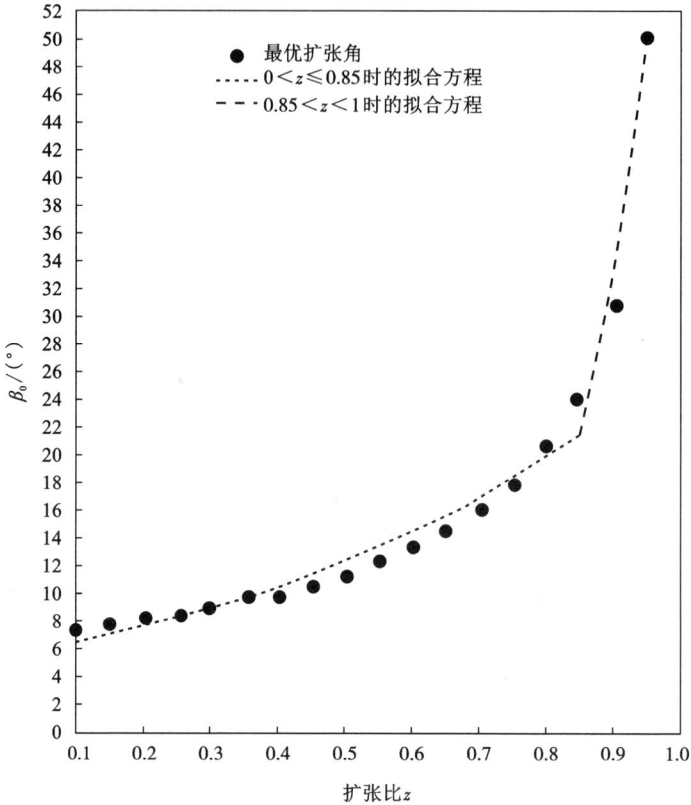

图 4-5　扩帮型机站入风扩张段最优扩张角的自然对数函数分段拟合

4.3.1.2　入风扩张段结构及其局部阻力系数

对于特定的扩帮型有风墙通风机站的入风扩张段，在满足通风设施及其运行的条件下，其扩张比越小越好。在一定的入风扩张比条件下，可按表 4-1 的最优扩张角拟合方程确定其入风扩张段的最优扩张角。

根据式(4-10)可得入风扩张段的局部阻力系数(对应于机站出风端巷道风速 v_2)为：

$$\xi_k = \frac{S_2^2}{S_1^2} \times \frac{\alpha}{\rho \sin\dfrac{\beta}{2}} \left(1 - \frac{S_1^2}{S_m^2}\right) + \frac{S_2^2}{S_1^2} \times \left(1 - \frac{S_1}{S_m}\right)^2 \sin\beta \tag{4-14}$$

式中：ξ_k 为扩帮型机站入风扩张段局部阻力系数(对应于机站出风端巷道风速)；α 为风流流动的摩擦阻力系数，$N \cdot s^2/m^4$；ρ 为风流密度，kg/m^3；β 为扩帮型机站入风扩张段的扩张角，$(°)$；S_1 为扩帮型机站入风端巷道断面积，m^2；S_m 为扩帮型机站入风扩张段末端断面积，m^2；S_2 为机站出风端巷道断面积，m^2。

4.3.2　扩帮型机站出风收缩段结构及其局部阻力系数

如图 4-3(a) 所示的双侧扩帮型有风墙通风机站，风流混合面(即出风口扩张风流全部充满巷道的断面)之后断面收缩段的局部阻力，是由沿程摩擦阻力和逐渐收缩局部阻力两部分组成；所以，其局部阻力系数也是由沿程摩擦阻力系数和逐渐收缩局部阻力系数两部分组成，且逐渐收缩局部阻力系数等于突然收缩局部阻力系数乘以缓冲系数，即[25, 26]

$$\xi_s = \xi_{s1} + \xi_{s2} = \frac{\alpha}{\rho \sin \dfrac{\psi}{2}} \left(1 - \frac{S_2^2}{S_b^2}\right) + \frac{\tau}{2} \times \left(1 - \frac{S_2}{S_b}\right) \qquad (4-15)$$

式中：ξ_s、ξ_{s1}、ξ_{s2} 分别为扩帮型机站出风收缩段的局部阻力系数、沿程摩擦阻力系数和逐渐收缩局部阻力系数(均对应于机站出风端巷道风速 v_2)；α 为风流流动的摩擦阻力系数，$N \cdot s^2/m^4$；ρ 为风流密度，kg/m^3；ψ 为图 4-3(a) 所示的扩帮型机站出风段收缩角，(°)；S_b 为出风段风流混合面面积，m^2；S_2 为机站出风端巷道断面积，m^2；τ 为出风收缩段风流缓冲系数，其值取决于出风段收缩角 ψ，由实验获得的 τ 值如图 4-6 所示[26]。

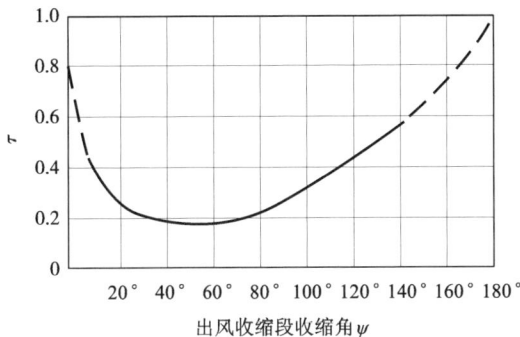

图 4-6　出风收缩段缓冲系数与收缩角的关系曲线[26]

4.3.2.1　出风收缩段局部阻力系数主要影响因素

由图 4-6 可知，缓冲系数 τ 是由出风收缩段收缩角 ψ 决定的，且当收缩角 ψ 在 30°~60°时缓冲系数 τ 均不超过 0.2，特别是在 $\psi = 45°$时 τ 值为最小值 0.18；而对于特定条件下的通风机站，机站出风段摩擦阻力系数 α 和风流密度 ρ 是一定的。因此，扩帮型机站出风收缩段局部阻力系数 ξ_s 的主要影响因素，是出风收缩段收缩角 ψ 和出风收缩段风流收缩比 c($c = S_2/S_b$)。

（1）出风收缩段风流收缩比 c

机站出风收缩段局部阻力系数 ξ_s 与出风收缩段风流收缩比 c 呈负相关关系，即 c 越小 ξ_s 就越大，c 越大 ξ_s 就越小（特别地，$c=1$ 时 $\xi_s=0$）。

（2）出风收缩段收缩角 ψ

由式（4-15）和图 4-6 可以得出：

①机站出风收缩段沿程摩擦阻力系数 ξ_{s1} 与收缩段的收缩角 ψ 呈负相关关系，即 ψ 越小 ξ_{s1} 就越大，ψ 越大 ξ_{s1} 就越小。

②当 $\psi<45°$ 时，机站出风收缩段逐渐收缩局部阻力系数 ξ_{s2} 随着 ψ 的增大而减小；当 $\psi=45°$ 时，ξ_{s2} 为最小；当 $\psi>45°$ 时，ξ_{s2} 随着 ψ 的增大而增大。

由于机站出风收缩段局部阻力系数 $\xi_s=\xi_{s1}+\xi_{s2}$，因此必然存在一个使 ξ_s 最小的最优收缩角 ψ_0，且 $\psi_0\in(45°,180°)$。

4.3.2.2 缓冲系数与收缩角的关系方程

由于机站出风收缩段最优收缩角 $\psi_0\in(45°,180°)$，因此有必要建立 $\psi\in[45°,180°]$ 的缓冲系数 τ 与收缩角 ψ 的关系方程。

对图 4-6 的 $\psi\in[45°,180°]$ 的缓冲系数 τ 进行二次抛物线函数拟合，即

$$\tau=a+b_1\psi+b_2\psi^2 \tag{4-16}$$

式中：τ 为扩帮型机站出风收缩段风流缓冲系数，可按图 4-6 取值[26]；ψ 为扩帮型机站出风收缩段收缩角，（°）；a、b_1、b_2 为均为拟合常数。

在图 4-6 的 $\psi\in[45°,180°]$ 的曲线上选取 10 点，据此按最小二乘法确定二次抛物线函数的拟合常数 a 和 b，其结果如表 4-2 所示。

表 4-2　出风收缩段缓冲系数 τ 与收缩角 $\psi(\psi\in[45°,180°])$ 的拟合方程

收缩角 ψ /（°）	缓冲系数 τ			拟合常数及其相关系数
	数据	拟合	之差	
45	0.18	0.18	0.00	
60	0.20	0.19	0.01	
68	0.20	0.21	−0.01	
80	0.24	0.24	0.00	$a=0.2386$
100	0.33	0.33	0.00	$b_1=-0.003285$
110	0.40	0.39	0.01	$b_2=4.202\times10^{-5}$
120	0.43	0.45	−0.02	相关系数 $R=0.9993$
140	0.61	0.60	0.01	
160	0.80	0.79	0.01	
180	1.00	1.01	−0.01	

注：选取 $\alpha=0.0075\ \text{N}\cdot\text{s}^2/\text{m}^4$，$\rho=1.15\ \text{kg/m}^3$。

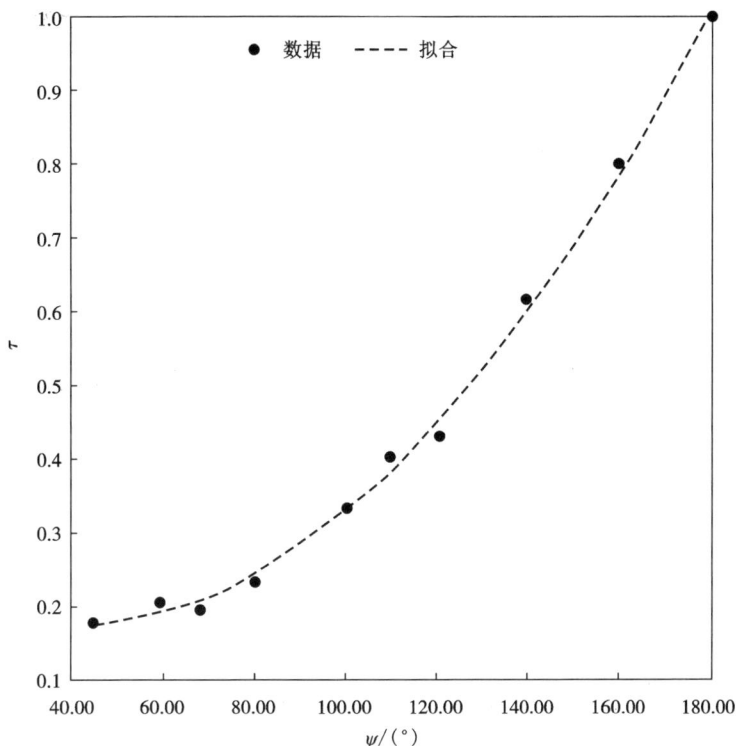

图 4-7　出风收缩段缓冲系数 τ 与收缩角 $\psi(\psi \in [45°, 180°])$ 的拟合曲线

由表 4-2 可知，出风扩张段缓冲系数 τ 与收缩角 $\psi(\psi \in [45°, 180°])$ 的二次抛物线函数拟合方程为：

$$\tau = 0.2386 - 0.003285\psi + 4.202 \times 10^{-5}\psi^2 \quad \psi \in [45°, 180°] \quad (4-17)$$

该拟合方程相关系数 $R = 0.9993$，其相关度高（图 4-7），可以用于 $\psi \in [45°, 180°]$ 时的出风扩张段缓冲系数 τ 的计算与确定。

4.3.2.3　出风收缩段最优收缩角及其变化规律

对于特定条件下的扩帮型通风机站，机站出风段摩擦阻力系数 α 和风流密度 ρ 是一定的。因此，对于一定的出风收缩段风流收缩比 c，必然存在一个使 ξ_s 最小的最优收缩角 ψ_0，且 $\psi_0 \in (45°, 180°)$。

由式（4-15）和式（4-16）可得：

$$\xi_s = \frac{1-c}{2} \times \left(\frac{\alpha}{\rho} \times \frac{1+c}{\sin\dfrac{\psi}{2}} + a + b_1\psi + b_2\psi^2 \right)$$

$$(4-18)$$

对式(4-18)两边求 ψ 的导数,并令 $\dfrac{\mathrm{d}\xi_s}{\mathrm{d}\psi}=0$,得:

$$b_1+2b_2\psi-\frac{\alpha(1+c)}{\rho}\times\frac{\pi}{180}\times\frac{\cos\dfrac{\psi}{2}}{\left(\sin\dfrac{\psi}{2}\right)^2}=0 \tag{4-19}$$

采用数值分析方法,由式(4-19)求得出风收缩段风流不同收缩比时的最优收缩角 ψ_0 及其相应的出风收缩段局部阻力系数 ξ_s 如表4-3所示。

表4-3 不同收缩比 c 时的 ψ_0 及其相应的出风收缩段局部阻力系数 ξ_s

序号	收缩比 c	$\psi_0/(°)$	ξ_s
1	0.05	47.21	0.10039
2	0.1	47.50	0.095839
3	0.2	48.05	0.086479
4	0.3	48.57	0.076784
5	0.4	49.09	0.066762
6	0.5	49.58	0.056416
7	0.6	50.06	0.045752
8	0.7	50.52	0.034775
9	0.8	50.97	0.023488
10	0.9	51.41	0.011895
11	0.95	51.63	0.0059849

注: 选取 $\alpha=0.0075\ \mathrm{N\cdot s^2/m^4}$,$\rho=1.15\ \mathrm{kg/m^3}$。

由表4-6可知,随着出风收缩段风流收缩比 c 的增大,最优收缩角 ψ_0 增大,但增大幅度很小,即 c 由0.05增至0.95时,ψ_0 仅从47.21°增至51.63°。

4.3.2.4 出风收缩段结构及其局部阻力系数

(1)风流混合面随收缩帮收缩角改变而变化

如图4-8所示,当机站风机扩散器的出射风流外界落在机站出风段收缩帮上时,改变收缩帮的收缩角大小,其机站出风段混合面的大小和位置也发生变化。即增大收缩帮的收缩角,出风段风流混合面变小,且其位置向风流出射源移动;减小收缩帮的收缩角,出风段风流混合面增大,且其位置向远离风流出射源的方向移动。

如图4-3(a)所示,若扩帮型机站出风端巷道面积 S_2 与机站扩帮后过渡段断

面积 S_a 之比为 c_a（即 $c_a = S_2/S_a$），根据表 4-3 确定的出风收缩段风流收缩比为 c_a 时的最优收缩角为 ψ_a，由式（4-15）可知，当风流混合面随收缩帮收缩角改变而变化时（图 4-8），在收缩帮的收缩角 $\psi \in (0, \psi_a)$ 时，将存在使机站出风收缩段局部阻力系数 ξ_s 最小的最优收缩角 ψ_0（ψ_0 一般为 10°~45°），且 ψ_0 可依据式（4-15）通过计算不同 ψ 时的 ξ_s 值，然后采用比较法确定。

根据确定的最优收缩角 ψ_0 及其相应的风流收缩比为 c，按照式（4-15）可计算出扩帮型机站出风收缩段局部阻力系数 ξ_s。

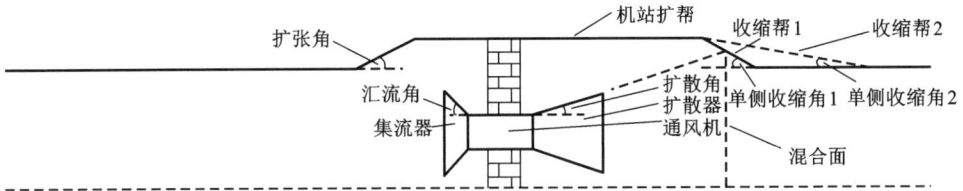

图 4-8　风流混合面随收缩帮收缩角改变而变化（俯视）

（2）风流混合面不随收缩帮收缩角改变而变化

当机站风机扩散器的出射风流外界落在机站扩帮上时，改变收缩帮的收缩角大小，不影响机站出风段混合面的大小和位置，此时的收缩帮最优收缩角 ψ_0 可按表 4-3 选取（一般为 47.21°~51.63°），其机站出风收缩段局部阻力系数 ξ_s 可按式（4-15）确定。

第 5 章　矿井无风墙通风机站

矿井无风墙通风机站,由于不设置风墙,对井巷中运输、行人和通风机的安装与移动都十分方便,在应用上比较灵活,不少金属矿山采用此种通风方法调节风量和加强局部地点的通风[25]。

5.1　单风机无风墙通风机站有效风压

如图 5-1 所示的单风机无风墙通风机站,其直巷型机站的通风机直接安装在通风巷道中,而硐室型机站的通风机安装在巷道一侧的硐室中;安装时无需绕道,也不装风门,它只在机站通风机出风端加装一段截头圆锥形的引射器。由于引射器出风口的面积比较小(为通风机出风口面积的 0.2~0.5 倍),通风时会形成较大的引射器出口动压。

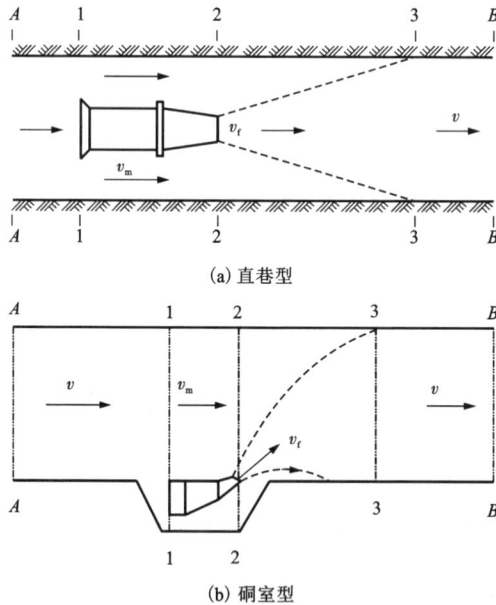

(a) 直巷型

(b) 硐室型

v—巷道风速;v_m—绕过通风机风流的平均风速;v_f—引射器出口风速。

图 5-1　单风机无风墙通风机站

无风墙通风机在井巷中工作时，通风机的全部能量损失包括：

①巷道中风流克服摩擦阻力和局部阻力的能量损失。

②绕过通风机的风流克服断面 1-2 间摩擦阻力的能量损失。

③流过通风机的风流由通风机引射器出口到巷道的突然扩大产生的能量损失。

④巷道出口处的动压损失。

列出巷道入口 A-A 与出口 B-B 风流运动的全流量能量平衡方程，即

$$P_A Q + H_f Q_f = P_B Q + hQ + h_k Q_f + h_m Q_m + \frac{1}{2}\rho v^2 Q \qquad (5-1)$$

式中：P_A、P_B 为巷道入口和出口的静压，Pa；Q 为巷道风量，$\mathrm{m^3/s}$；Q_f 为通过通风机的风量，$\mathrm{m^3/s}$；H_f 为通风机的全压，Pa；h 为巷道的摩擦阻力和局部阻力之和（不包括断面 1-2 之间的），Pa；h_k 为通风机引射器出风口到巷道断面的突扩损失，Pa；h_m 为断面 1-2 之间的通风阻力损失，Pa；Q_m 为断面 1-2 之间绕过通风机的风量，$\mathrm{m^3/s}$；v 为巷道的平均风速，$\mathrm{m/s}$；ρ 为空气密度，可取为 1.2 $\mathrm{kg/m^3}$，$\mathrm{kg/m^3}$。

若巷道内风流流动主要是机站通风机作用引起的，在不考虑其他外力做功的条件下，可认为 $P_A = P_B$，令：

$$\Delta H = H_f \frac{Q_f}{Q} - h_k \frac{Q_f}{Q} - h_m \frac{Q_m}{Q} \qquad (5-2)$$

式中：ΔH 为无风墙机站的有效风压，Pa。

则由式(5-1)和式(5-2)可得：

$$\Delta H = h + \frac{1}{2}\rho v^2 \qquad (5-3)$$

由式(5-1)和式(5-2)可知，无风墙机站的有效风压 ΔH 是通风机全能量中减去通风机引射器出口到巷道全断面的突然扩大损失和绕过通风机风流的能量损失后所剩余的能量，该能量用于克服巷道的摩擦阻力和局部阻力，并在巷道出口处造成动压损失。

从通风机的入风端(断面 1)到通风机的出风端(断面 2)有两股风流，一股进入通风机，另一股绕过通风机。针对两股风流在 1-2 断面间的能量变化，列出其全流量能量平衡方程。

通过通风机的风流：

$$P_1 Q_f + \frac{1}{2}\rho v^2 Q_f + H_f Q_f = P_2 Q_f + \frac{1}{2}\rho v_f^2 Q_f \qquad (5-4)$$

绕过通风机的风流：

$$P_1 Q_m + \frac{1}{2}\rho v^2 Q_m = P_2 Q_m + \frac{1}{2}\rho v_m^2 Q_m + h_m Q_m \qquad (5-5)$$

式中：P_1、P_2 分别为断面 1、2 的静压，Pa；v_f 为通风机引射器出口的平均风速，m/s；v_m 为绕过通风机风流的平均风速，m/s。

将式(5-4)和式(5-5)相加，并除以 $Q = Q_f + Q_m$，整理后可得：

$$P_1 - P_2 = \frac{1}{2}\rho v_f^2 \frac{Q_f}{Q} + \frac{1}{2}\rho v_m^2 \frac{Q_m}{Q} - \frac{1}{2}\rho v^2 - H_f \frac{Q_f}{Q} + h_m \frac{Q_m}{Q} \qquad (5-6)$$

绕过通风机的风流，单位体积流量的能量方程为：

$$P_1 - P_2 = \frac{1}{2}\rho v_m^2 - \frac{1}{2}\rho v^2 + h_m \qquad (5-7)$$

由式(5-6)和式(5-7)可得：

$$H_f \frac{Q_f}{Q} = \frac{1}{2}\rho v_f^2 \frac{Q_f}{Q} - \frac{1}{2}\rho v_m^2 \frac{Q_f}{Q} - h_m \frac{Q_f}{Q} \qquad (5-8)$$

由通风机引射器流出的风流，扩大到巷道全断面时的突然扩大冲击损失，可按下式计算[25, 27, 28]：

$$h_k = \frac{1}{2}\rho (v_f - v)^2 \qquad (5-9)$$

由式(5-9)可得：

$$h_k \frac{Q_f}{Q} = \frac{1}{2}\rho v_f^2 \frac{Q_f}{Q} - \rho v_f v \times \frac{Q_f}{Q} + \frac{1}{2}\rho v^2 \frac{Q_f}{Q} \qquad (5-10)$$

将式(5-8)与式(5-10)代入式(5-2)得：

$$\Delta H = \rho v_f v \frac{Q_f}{Q} - \frac{1}{2}\rho v^2 \frac{Q_f}{Q} - \frac{1}{2}\rho v_m^2 \frac{Q_f}{Q} - h_m$$

进一步整理，可得：

$$\Delta H = \rho v_f v \frac{Q_f}{Q} - \rho v^2 \frac{Q_f}{Q} + \frac{1}{2}\rho (v^2 - v_m^2) \frac{Q_f}{Q} - h_m \qquad (5-11)$$

式(5-11)中，后两项与前两项相比在数值上十分微小[25, 28]，而且其值都与 v^2 有关，为便于工程计算，进行如下简化：

$$\Delta H = \rho v_f v \frac{Q_f}{Q} - \varepsilon \rho v^2 \frac{Q_f}{Q} = \rho v_f^2 \frac{S_f}{S} \left(1 - \varepsilon \frac{v}{v_f}\right) \qquad (5-12)$$

式中：S_f 为通风机引射器出口断面积，m^2；S 为巷道断面积，m^2；ε 为比例系数。

试验研究表明[25, 29]，比例系数 $\varepsilon = 2$，由此可得单风机无风墙通风机站有效风压计算公式为：

$$\Delta H = \rho v_f^2 \frac{S_f}{S} \left(1 - 2 \frac{v}{v_f}\right) \qquad (5-13)$$

令 $K_f = 2\left(1 - \frac{v}{v_f}\right)$，$H_v = \frac{1}{2}\rho v_f^2$，由式(5-13)可得：

$$\Delta H = K_f H_v \frac{S_f}{S} \qquad (5-14)$$

式中：H_v 为通风机引射器出口动压，Pa；K_f 为试验系数，其值与通风机在巷道中安装条件以及巷道风速与通风机引射器出口风速之比有关。

通过对矿井实际风速的观测，巷道风速通常为 $2\sim3$ m/s，而通风机引射器出口风速常为 $20\sim40$ m/s，因而试验系数 K_b 的取值一般为 $1.5\sim1.8$。

对几个金属矿山无风墙通风机有效风压实测表明，试验系数 K_f 变化在 1.58 至 1.76 之间[25, 27, 29]。因此，单风机无风墙通风机站有效风压可按式(5-14)计算，其 K_f 值可取 $1.5\sim1.8$。

由式(5-14)可以看出：①在其他条件相同时，通风机引射器出口断面与安设通风机巷道断面之比 S_f/S 越大，机站通风机的有效风压越高，此时风流突然扩大的能量损失越小。

②通风机引射器出口风速 v_f 越大，有效风压越大。可见，适当提高引射器出口风速是提高机站通风机有效风压的一个重要途径。

③巷道风速 v 对通风机有效风压有些影响，但这种影响不明显。

5.2 无风墙通风机站联合作业

5.2.1 无风墙机站联合作业的形式

两个或两个以上的无风墙机站同时对一个井巷进行工作，叫做无风墙机站联合作业。无风墙机站联合作业，分为串联和并联两种形式。

如图 5-2 所示，布置在同一井巷中的多个无风墙机站，其分别处于井巷的不同断面同时工作，称为无风墙机站的串联作业。

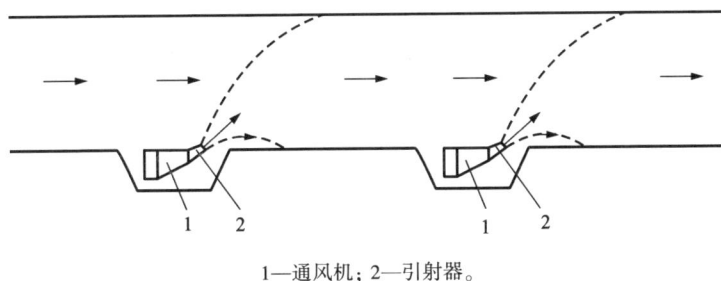

1—通风机；2—引射器。

图 5-2 单侧硐室型无风墙机站串联作业

布置在同一井巷中的多个无风墙机站，均处于同一断面同时工作，称为无风墙机站的并联作业，如图5-3所示。图5-4所示的是双侧硐室型无风墙机站并串联作业。

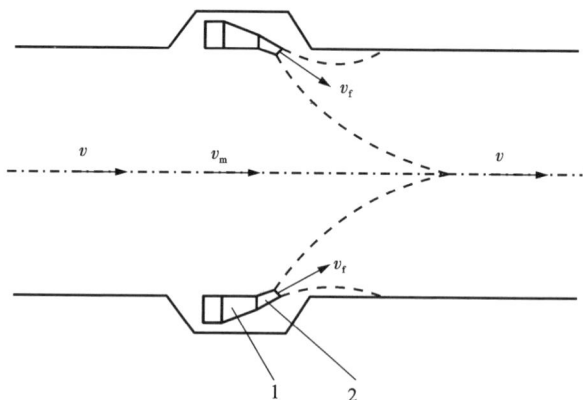

1—通风机；2—引射器；v—巷道风速；v_m—绕过通风机风流的平均风速；v_f—引射器出口风速。

图5-3　双侧硐室型无风墙机站并联作业

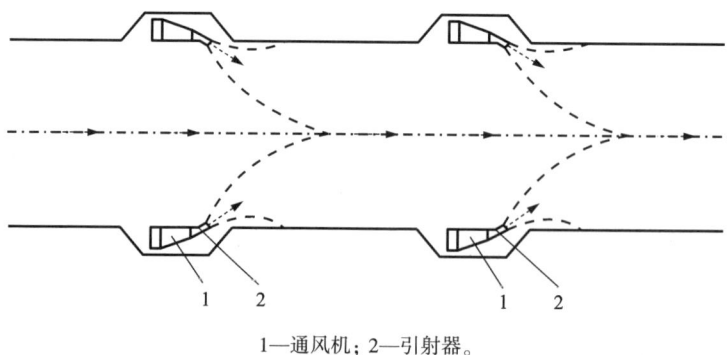

1—通风机；2—引射器。

图5-4　双侧硐室型无风墙机站并串联作业

5.2.2　无风墙机站串联作业

由于无风墙通风机站只靠动压做功，因此串联作业时，其所形成的总有效风压 ΔH_0 为各个无风墙通风机站有效风压 ΔH_i 之和。即

$$\Delta H_0 = \sum \Delta H_i \qquad (5-15)$$

式中：ΔH_0 为多个单风机无风墙机站串联作业时的总有效风压，Pa；ΔH_i 为串联作业的第 i（$i=1, 2, 3, \cdots, n$）个单风机无风墙机站有效风压，Pa；n 为单风机无

风墙机站串联作业数。

可见，当巷道风量不足且巷道风阻较小（不超过极限风阻）而环境条件又不允许安设风墙时，可采用如图 5-2 所示的两个或多个无风墙机站串联作业。

n 个相同的单风机无风墙通风机站串联作业时，由式（5-15）和式（5-14）可知其总有效风压 ΔH_c 为：

$$\Delta H_c = n\Delta H = nK_f H_v \frac{S_f}{S} \tag{5-16}$$

式中：ΔH_c 为 n 个相同的单风机无风墙机站串联作业时的总有效风压，Pa；ΔH 为串联作业的各个单风机无风墙机站有效风压，Pa。

5.2.3　无风墙机站并联作业

当巷道风量不足且巷道风阻较小（不超过极限风阻）而环境条件又不允许安设风墙和串联布置时，可用如图 5-3 所示的两个无风墙机站并联作业。两个无风墙通风机站并联作业时，由于机站通风机处于井巷的同一断面，因而通过每个通风机的风量 Q_a，较单风机无风墙机站运行时通过通风机的风量 Q_f 少，即

$$Q_a = aQ_f \tag{5-17}$$

式中：Q_a 为无风墙机站并联作业时通过机站通风机的风量，m^3/s；Q_f 为单风机无风墙机站运行时通过通风机的风量，m^3/s；a 为机站通风机的并联风量比，$0 < a \leqslant 1$，且单风机无风墙机站时 $a = 1$。

当有 n 个相同的单风机无风墙通风机站并联时，在同一断面上的机站通风机总通过风量为 $nQ_a = naQ_f$。与单风机无风墙机站有效风压的推导类似，可得类似于式（5-12）的表达式：

$$\Delta H_a = \rho v_f v \frac{naQ_f}{Q} - \varepsilon \rho v^2 \frac{naQ_f}{Q} = na\rho v_f^2 \frac{S_f}{S}\left(1 - \varepsilon \frac{v}{v_f}\right) \tag{5-18}$$

式中：ΔH_a 为 n 个相同的单风机无风墙机站并联作业时的总有效风压，Pa。

式（5-18）相当于式（5-12）中的 Q_f 被 naQ_f 代替所得。

与式（5-13）及式（5-14）推导类似，可得：

$$\Delta H_a = naK_f H_v \frac{S_f}{S} \tag{5-19}$$

式中：H_v 为通风机引射器出口动压，$H_v = \frac{1}{2}\rho v_f^2$，Pa；$K_f$ 为试验系数，其值与通风机在巷道中安装条件以及巷道风速与通风机引射器出口风速之比有关，$K_f = 2\left(1 - 2\frac{v}{v_f}\right)$，一般可取 1.5～1.8。

比较式（5-16）和式（5-19）可知，同等条件下 $\Delta H_c > \Delta H_a$，即无风墙机站串联

作业时的总有效风压大于并联作业时的总有效风压。因此，无风墙机站的联合作业，在条件允许时应尽量采用串联作业的形式。

无风墙机站串联作业，机站分散不便于管理，占用的巷道长度也长，因而在使用中很容易受到环境条件的制约。无风墙机站并联作业，机站集中便于管理，占用的巷道长度也短，因而能较好地适应通风井巷的环境条件。

5.3 风流不流动巷道中无风墙机站工作参数

5.3.1 无风墙机站风量

5.3.1.1 单风机无风墙机站风量

安设在风流不流动井巷（即通风系统中无其他通风动力源）中的单风机无风墙机站，在井巷中是单独作业的，作业所形成的风量 Q 与有效风压 ΔH 以及井巷风阻 R 有关。如已知通风机引射器出口动压 H_v，出口断面积 S_f，巷道断面积 S 及巷道风阻 R（包括巷道出口风阻在内），由矿井通风的能量平衡定律可得：

$$K_f \frac{S_f}{S} \times \frac{\rho v_f^2}{2} = RQ^2 \qquad (5-20)$$

式中：Q 为巷道风量，m^3/s；R 为巷道风阻，$N \cdot s^2/m^8$。

选取 $K_f = 1.65$、$\rho = 1.2 \ kg/m^3$，代入式(5-20)可得巷道风量计算公式为：

$$Q = \frac{Q_f}{\sqrt{RSS_f}} \qquad (5-21)$$

例如，桓仁铅矿某边远的采场，主通风机总风压对该区的作用很弱。为加强采场通风，在下部水平巷道安设一台 JF 型 11 kW 局部通风机进行无风墙通风。该局部通风机引射器出风口断面积 $S_f = 0.07 \ m^2$，局部通风机的风量 $Q_f = 2.8 \ m^3/s$，安装通风机处巷道断面积 $S = 3.60 \ m^2$，该系统巷道的总风阻 0.608 $N \cdot s^2/m^8$。

该采场现场无风墙机站通风时，该巷道中的风量按式(5-21)确定为 $Q = 7.15 \ m^3/s$，而现场实际测定的该巷道风量为 6.9 $m^3/s^{[25]}$。可见，式(5-21)是符合实际的，可以用于单风机无风墙通风机站在井巷中单独工作时的风量计算。

5.3.1.2 同型无风墙机站串联作业时风量

n 个相同的无风墙机站在风流不流动井巷（即通风系统中无其他通风动力源）中串联作业时，根据式(5-16)以及通风阻力定律与通风能量平衡定律，有：

$$nK_f \frac{S_f}{S} \times \frac{\rho v_f^2}{2} = RQ_c^2 \qquad (5-22)$$

式中：Q_c 为 n 个相同的无风墙机站串联作业时的巷道风量，m^3/s；R 为巷道风阻，$N \cdot s^2/m^8$；n 为单风机无风墙机站串联作业数。

选取 $K_f = 1.65$、$\rho = 1.2\ kg/m^3$，代入式(5-22)可得无风墙机站串联作业时巷道风量为：

$$Q_c = Q_f \sqrt{\frac{n}{RSS_f}} \qquad (5-23)$$

5.3.1.3　同型无风墙机站并联作业时风量

n 个相同的无风墙机站在风流不流动井巷(即通风系统中无其他通风动力源)中并联作业时，根据式(5-19)以及通风阻力定律与通风能量平衡定律，有：

$$naK_f \frac{S_f}{S} \times \frac{\rho v_f^2}{2} = RQ_a^2 \qquad (5-24)$$

式中：Q_a 为 n 个相同的无风墙机站并联作业时的巷道风量，m^3/s；R 为巷道风阻，$N \cdot s^2/m^8$；n 为单风机无风墙机站并联作业数；a 为机站通风机的并联风量比，$0 < a \leqslant 1$，且单风机无风墙机站时 $a = 1$。

选取 $K_f = 1.65$、$\rho = 1.2\ kg/m^3$，代入式(5-24)可得无风墙机站并联作业时巷道风量为：

$$Q_a = Q_f \sqrt{\frac{na}{RSS_f}} \qquad (5-25)$$

5.3.2　无风墙机站极限风阻

5.3.2.1　单风机无风墙机站极限风阻

无风墙通风机在巷道中单独工作时，应保证在安设通风机地点不产生风流循环，即巷道风量 Q 大于或等于通风机风量 Q_f。巷道风量与巷道风阻有关，当巷道风阻增大到某一数值时，巷道风量与通风机风量相等，此风阻值即为不产生循环风流的极限风阻 R_k，它表示：

①当 $R > R_k$ 时，$Q < Q_f$，即通风机处产生循环风流。在这种情况下，应安设风墙，以避免通风机处产生循环风流，进而提高巷道风量。

②当 $R = R_k$ 时，$Q = Q_f$，通风机处不产生循环风流，也无增风效果。

③当 $R < R_k$ 时，$Q > Q_f$，通风机处不产生循环风流。这种情况对增强通风效果十分有利，且安设风墙只能起阻碍风流流动、减少巷道风量的作用。

令 $Q = Q_f$，由式(5-21)求得单风机无风墙机站的极限风阻 R_k 为：

$$R_k = \frac{1}{SS_f} \qquad (5-26)$$

式中：R_k 为单风机无风墙机站的极限风阻，$N \cdot s^2/m^8$。

5.3.2.2　无风墙机站串联作业时极限风阻

令 $Q_c = Q_f$，由式(5-23)求得 n 个相同的无风墙机站串联作业时的极限风阻

R_c 为：

$$R_c = \frac{n}{SS_f} \quad (5-27)$$

式中：R_c 为无风墙机站串联作业时的极限风阻，$N \cdot s^2/m^8$。

同理，R_c 表示不产生循环风流的极限风阻值。

由式(5-27)可知，无风墙机站串联作业时，极限风阻增大了，从而有效避免了机站通风机处循环风流的产生。

5.3.2.3 无风墙机站并联作业时极限风阻

令 $Q_a = Q_f$，由式(5-25)求得 n 个相同的无风墙机站并联作业时的极限风阻 R_a 为：

$$R_a = \frac{na}{SS_f} \quad (5-28)$$

式中：R_a 为无风墙机站并联作业时的极限风阻，$N \cdot s^2/m^8$。

同理，R_a 表示不产生循环风流的极限风阻值。

由式(5-28)可知，无风墙机站并联作业时，极限风阻增大了，但同等条件下 $R_c > R_a$，即无风墙机站串联作业时的极限风阻值大于并联作业时的极限风阻值。因此，无风墙机站的联合作业，在条件允许时应尽量采用串联作业的形式，以有效避免机站通风机处循环风流的产生。

5.4 风流流动巷道中无风墙机站风量

5.4.1 单风机无风墙机站风量

安设在风流流动巷道(即通风系统中有其他通风动力源)中的单风机无风墙机站，此时机站两端的静压差 $P_A - P_B \neq 0$。由式(5-1)和式(5-2)可得：

$$h + \frac{1}{2}\rho v^2 = P_A - P_B + \Delta H \quad (5-29)$$

根据通风阻力定律，有：

$$h = RQ^2 \quad (5-30)$$

式中：Q 为巷道风量，m^3/s；R 为巷道风阻，$N \cdot s^2/m^8$。

将式(5-30)和式(5-14)代入式(5-29)，并且 $v = Q/S$，整理后得：

$$Q = \sqrt{\frac{K_f \rho v_f^2 S_f S + 2S^2(P_A - P_B)}{2S^2 R + \rho}} \quad (5-31)$$

5.4.2 无风墙机站串联作业时风量

n 个相同的无风墙机站在风流流动巷道(即通风系统中有其他通风动力源)中

串联作业时，将式(5-30)和式(5-16)代入式(5-29)，并且 $v=Q/S$，整理后得：

$$Q_c = \sqrt{\frac{nK_f\rho v_f^2 S_f S + 2S^2(P_A - P_B)}{2S^2 R + \rho}} \qquad (5-32)$$

式中：Q_c 为 n 个相同的无风墙机站串联作业时的巷道风量，m^3/s；R 为巷道风阻，$N \cdot s^2/m^8$；n 为单风机无风墙机站串联作业数。

可见，无风墙机站串联作业时的风量，与串联的机站数呈正相关关系，且在风流流动巷道中的风量要高于风流不流动巷道中的风量。

5.4.3　无风墙机站并联作业时风量

n 个相同的无风墙机站在风流流动巷道(即通风系统中有其他通风动力源)中并联作业时，将式(5-30)和式(5-19)代入式(5-29)，并且 $v=Q/S$，整理后得：

$$Q_a = \sqrt{\frac{naK_f\rho v_f^2 S_f S + 2S^2(P_A - P_B)}{2S^2 R + \rho}} \qquad (5-33)$$

式中：Q_a 为 n 个相同的无风墙机站并联作业时的巷道风量，m^3/s；R 为巷道风阻，$N \cdot s^2/m^8$；n 为单风机无风墙机站并联作业数。

可见，无风墙机站并联作业时的风量，与并联的机站数呈正相关关系，且在风流流动巷道中的风量要高于风流不流动巷道中的风量。

比较式(5-33)和式(5-32)可知，同等条件下 $Q_c > Q_a$，即无风墙机站串联作业时的风量大于并联作业时的风量。因此，无风墙机站的联合作业，在条件允许时应尽量采用串联作业的形式。

5.5　无风墙机站引射器出口最佳断面积

5.5.1　引射器出口最佳断面

无风墙通风机站由通风机动压做功，因此在通风机出口安装引射器可显著提高风流的出口动压，从而使巷道风量增加；但是引射器出口断面过小，虽提高了风流出口动压，同时也会使通风机的工作风阻增大，这就减少了通风机的风量[30]。因此，无风墙机站通风机出口引射器必定存在着一个最佳出口断面积，使得无风墙通风机站的工作巷道获得最大的风量[31]。

如图 5-1(a)所示，无风墙机站引射通风原理是通风机产生的风流通过引射器喷出形成射流，因射流产生的卷吸作用，会卷吸周围的空气向前运动。

机站通风机的风压特性曲线一般可表示为：

$$H_f = H_e - BQ_f^2 \qquad (5-34)$$

式中：H_f 为通风机风压，Pa；Q_f 为通过通风机的风量，m^3/s；H_e、B 均为通风机特性常数。

将式(5-34)代入式(5-8)，整理得：

$$H_0 - BQ_f^2 = \frac{1}{2}\rho v_f^2 - \frac{1}{2}\rho v_m^2 - h_m \tag{5-35}$$

根据通风阻力定律，断面 1-2 间的通风阻力 h_m 为：

$$h_m = R_{1-2}Q_m^2 = R_{1-2}(Q - Q_f)^2 \tag{5-36}$$

式中：h_m 为断面 1-2 间的通风阻力，Pa；Q_m 为断面 1-2 间绕过通风机的风量，m^3/s；R_{1-2} 为断面 1-2 间的风阻，$N \cdot s^2/m^8$；Q 为巷道风量，m^3/s；Q_f 为通过通风机的风量，m^3/s。

由于 $(Q-Q_f)$ 很小，因而 h_m 和 $v_m = (Q-Q_f)/S_m$（S_m 为断面 1-2 间绕过通风机的绕流断面积）均很小。为方便工程计算，略去式(5-35)右边的后两项，并将 $v_b = Q_f/S_f$ 代入式(5-35)，整理后求得：

$$Q_f = \sqrt{\frac{2H_eS_f^2}{2S_f^2B + \rho}} \tag{5-37}$$

式中：Q_f 为通过通风机的风量，m^3/s；S_f 为通风机引射器出口断面积，m^2。

研究表明[31]，由式(5-37)计算的 Q_f，与不略去式(5-35)右边后两项计算的 Q_f 比较，其误差不大于 1%，可见式(5-37)完全能够满足工程精度要求。

将式(5-37)代入式(5-21)，可得 Q 与 S_f 的关系式为：

$$Q = \sqrt{\frac{2H_eS_f}{RS(2BS_f^2 + \rho)}} \tag{5-38}$$

式中：Q 为巷道风量，m^3/s。

为了确定通风机出口引射器的最佳出口断面积，对式(5-38)两边求 Q 对 S_f 的一阶偏导，并令其等于零，由此求得通风机出口引射器的最佳出口断面积为：

$$S_{f0} = \sqrt{\frac{\rho}{2B}} \tag{5-39}$$

式中：S_{f0} 为通风机引射器出口最佳断面积，m^2；ρ 为空气密度，kg/m^3；B 为通风机特性常数。

实验室和现场测定表明[31, 32]，式(5-39)是符合实际的，可以用于确定引射器出口的最佳断面积。

5.5.2 引射器最佳出口断面时通风机的工况

将式(5-39)代入式(5-37)，求得引射器最佳出口断面时通风机的风量为：

$$Q_{f0} = \sqrt{\frac{H_e}{2B}} \tag{5-40}$$

将式(5-40)代入式(5-34)，求得引射器最佳出口断面时通风机的风压为：

$$H_{f0} = \frac{H_e}{2} \tag{5-41}$$

将式(5-39)代入式(5-38)，求得引射器最佳出口断面时巷道风量为：

$$Q_{max} = \sqrt{\frac{H_e S_{f0}}{\rho R S \rho}} \tag{5-42}$$

5.5.3　安装引射器时巷道的增风率

将机站通风机安装引射器与不安装引射器时巷道所获风量之比，称为引射器增风率。

由式(5-38)可得引射器增风率为：

$$\sigma = \sqrt{\frac{2BS_u + \dfrac{\rho}{S_u}}{2BS_f + \dfrac{\rho}{S_f}}} \tag{5-43}$$

式中：σ 为机站通风机安装引射器时的增风率；S_u 为通风机出风口面积，m^2；S_f 为通风机出口引射器出风口面积，m^2；ρ 为空气密度，kg/m^3；B 为通风机特性常数。

由式(5-43)可知，σ 不总是大于 1 的，有时还可能出现 $\sigma \leq 1$ 的情况。这就说明通风机安装引射器后的增风不一定总是有效的，若引射器出风口面积 S_f 不合理，就可能不仅不能增风，还可能会降低巷道的风量(此时 $\sigma < 1$)。

当机站通风机安装最佳出口断面的引射器时，将式(5-39)代入式(5-43)，并且 $2B = \dfrac{\rho}{S_{f0}^2}$，整理后得：

$$\sigma_{max} = \sqrt{\frac{S_u^2 + S_{f0}^2}{2S_u S_{f0}}} \tag{5-44}$$

式中：σ_{max} 为机站通风机安装最佳出口断面引射器时的增风率；S_{f0} 为引射器最佳出口断面积，m^2。

由式(5-44)可知，σ_{max} 总是大于 1 的，即机站通风机安装最佳出口断面引射器时，巷道的风量为最大。

5.6 无风墙机站辅助测定矿井自然风压

矿井自然风压随着季节的不同而变化，尤其在冬季和夏季的差别更大，因此对其及时进行测定，是矿井通风管理的基础。矿井自然风压的测算方法主要有隔断风流测算法、改变通风机运行工况测算法和平均密度测算法等，但前两种方法对矿井生产有一定的影响，而第三种方法工作量很大，故均不便于使用。

在一个矿井通风系统中，对于一条从进风井口起到回风井口止的通风路线，在矿井正常生产的条件下，利用无风墙机站辅助测定矿井自然风压，既不影响矿井生产，工作量也小，是一种简便易行的矿井自然风压间接测定法。

5.6.1 抽出式通风系统自然风压的测定

在单通风机工作的抽出式通风系统中，对于一条从进风井口起到回风井口止的通风路线，自然风压和矿井通风机静压共同作用克服通风路线中的通风阻力，其关系为：

$$H_s + H_n = RQ^2 \tag{5-45}$$

式中：H_s 为通风机静压，Pa；H_n 为自然风压，Pa；R 为矿井风阻，$N \cdot s^2/m^8$；Q 为矿井风量，m^3/s。

式(5-45)中，通风机静压 H_s 和矿井风量 Q 可以直接测得，因而其未知数只有自然风压 H_n 和矿井风阻 R。自然风压 H_n 和矿井风阻 R 不随矿井风量的变化而变化，因此只要在通风路线中开启 n 个相同的无风墙通风机站串联工作，测出其工作时的通风机静压 H_{sx} 和矿井风量 Q_x，按式(5-14)计算出单风机无风墙机站有效风压 ΔH，即可建立方程与式(5-45)联立解算出矿井自然风压 H_n。即

$$H_{sx} + H_n + n\Delta H = RQ_x^2 \tag{5-46}$$

式中：Q_x 为矿井风量，m^3/s；H_{sx} 为矿井风量为 Q_x 时通风机的静压，Pa；ΔH 为串联作业的各个单风机无风墙机站有效风压，按式(5-14)确定，Pa；n 为单风机无风墙机站串联作业数。

解算式(5-45)和式(5-46)组成的联立方程组，得：

$$H_n = \frac{H_{sx}Q^2 + n\Delta HQ^2 - H_sQ_x^2}{Q_x^2 - Q^2} \tag{5-47}$$

$$R = \frac{H_{sx} - H_s + n\Delta H}{Q_x^2 - Q^2} \tag{5-48}$$

5.6.2 压入式通风系统自然风压的测定

在单通风机工作的压入式通风系统中，对于一条从进风井口起到回风井口止

5.6　无风墙机站辅助测定矿井自然风压

矿井自然风压随着季节的不同而变化,尤其在冬季和夏季的差别更大,因此对其及时进行测定,是矿井通风管理的基础。矿井自然风压的测算方法主要有隔断风流测算法、改变通风机运行工况测算法和平均密度测算法等,但前两种方法对矿井生产有一定的影响,而第三种方法工作量很大,故均不便于使用。

在一个矿井通风系统中,对于一条从进风井口起到回风井口止的通风路线,在矿井正常生产的条件下,利用无风墙机站辅助测定矿井自然风压,既不影响矿井生产,工作量也小,是一种简便易行的矿井自然风压间接测定法。

5.6.1　抽出式通风系统自然风压的测定

在单通风机工作的抽出式通风系统中,对于一条从进风井口起到回风井口止的通风路线,自然风压和矿井通风机静压共同作用克服通风路线中的通风阻力,其关系为:

$$H_s + H_n = RQ^2 \tag{5-45}$$

式中: H_s 为通风机静压,Pa; H_n 为自然风压,Pa; R 为矿井风阻,N·s^2/m^8; Q 为矿井风量,m^3/s。

式(5-45)中,通风机静压 H_s 和矿井风量 Q 可以直接测得,因而其未知数只有自然风压 H_n 和矿井风阻 R。自然风压 H_n 和矿井风阻 R 不随矿井风量的变化而变化,因此只要在通风路线中开启 n 个相同的无风墙通风机站串联工作,测出其工作时的通风机静压 H_{sx} 和矿井风量 Q_x,按式(5-14)计算出单风机无风墙机站有效风压 ΔH,即可建立方程与式(5-45)联立解算出矿井自然风压 H_n。即

$$H_{sx} + H_n + n\Delta H = RQ_x^2 \tag{5-46}$$

式中: Q_x 为矿井风量,m^3/s; H_{sx} 为矿井风量为 Q_x 时通风机的静压,Pa; ΔH 为串联作业的各个单风机无风墙机站有效风压,按式(5-14)确定,Pa; n 为单风机无风墙机站串联作业数。

解算式(5-45)和式(5-46)组成的联立方程组,得:

$$H_n = \frac{H_{sx}Q^2 + n\Delta HQ^2 - H_sQ_x^2}{Q_x^2 - Q^2} \tag{5-47}$$

$$R = \frac{H_{sx} - H_s + n\Delta H}{Q_x^2 - Q^2} \tag{5-48}$$

5.6.2　压入式通风系统自然风压的测定

在单通风机工作的压入式通风系统中,对于一条从进风井口起到回风井口止

$$Q_{f0} = \sqrt{\frac{H_e}{2B}} \tag{5-40}$$

将式(5-40)代入式(5-34)，求得引射器最佳出口断面时通风机的风压为：

$$H_{f0} = \frac{H_e}{2} \tag{5-41}$$

将式(5-39)代入式(5-38)，求得引射器最佳出口断面时巷道风量为：

$$Q_{max} = \sqrt{\frac{H_e S_{f0}}{\rho R S \rho}} \tag{5-42}$$

5.5.3　安装引射器时巷道的增风率

将机站通风机安装引射器与不安装引射器时巷道所获风量之比，称为引射器增风率。

由式(5-38)可得引射器增风率为：

$$\sigma = \sqrt{\frac{2BS_u + \dfrac{\rho}{S_u}}{2BS_f + \dfrac{\rho}{S_f}}} \tag{5-43}$$

式中：σ 为机站通风机安装引射器时的增风率；S_u 为通风机出风口面积，m^2；S_f 为通风机出口引射器出风口面积，m^2；ρ 为空气密度，kg/m^3；B 为通风机特性常数。

由式(5-43)可知，σ 不总是大于 1 的，有时还可能出现 $\sigma \leqslant 1$ 的情况。这就说明通风机安装引射器后的增风不一定总是有效的，若引射器出风口面积 S_f 不合理，就可能不仅不能增风，还可能会降低巷道的风量(此时 $\sigma < 1$)。

当机站通风机安装最佳出口断面的引射器时，将式(5-39)代入式(5-43)，并且 $2B = \dfrac{\rho}{S_{f0}^2}$，整理后得：

$$\sigma_{max} = \sqrt{\frac{S_u^2 + S_{f0}^2}{2S_u S_{f0}}} \tag{5-44}$$

式中：σ_{max} 为机站通风机安装最佳出口断面引射器时的增风率；S_{f0} 为引射器最佳出口断面积，m^2。

由式(5-44)可知，σ_{max} 总是大于 1 的，即机站通风机安装最佳出口断面引射器时，巷道的风量为最大。

的通风路线，自然风压和矿井通风机全压共同作用克服通风路线中的通风阻力，其关系为：

$$H_t + H_n = RQ^2 \tag{5-49}$$

式中：H_t 为通风机全压，Pa；H_n 为自然风压，Pa；R 为矿井风阻，$N \cdot s^2/m^8$；Q 为矿井风量，m^3/s。

式(5-49)中，通风机全压 H_t 和矿井风量 Q 可以直接测得，因而只要在通风路线中开启 n 个相同的无风墙通风机站串联工作，测出其工作时的通风机全压 H_{tx} 和矿井风量 Q_x，按式(5-14)计算出单风机无风墙机站有效风压 ΔH，即可建立方程与式(5-49)联立解算出矿井自然风压 H_n。即

$$H_{tx} + H_n + n\Delta H = RQ_x^2 \tag{5-50}$$

式中：Q_x 为矿井风量，m^3/s；H_{tx} 为矿井风量为 Q_x 时通风机的全压，Pa；ΔH 为串联作业的各个单风机无风墙机站有效风压，按式(5-14)确定，Pa；n 为单风机无风墙机站串联作业数。

解算式(5-49)式(5-50)组成的联立方程组，得：

$$H_n = \frac{H_{tx}Q^2 + n\Delta HQ^2 - H_t Q_x^2}{Q_x^2 - Q^2} \tag{5-51}$$

$$R = \frac{H_{tx} - H_t + n\Delta H}{Q_x^2 - Q^2} \tag{5-52}$$

现场应用表明[33]，无风墙机站辅助测定矿井自然风压，既简便又精确，方便了矿井通风设计和管理，值得推广。

第6章 风库长距离接力通风

掘进通风是巷道掘进过程中因只有一个出口而无法形成贯穿风流所采用的一种通风方法，其出现于矿井开拓、扩(改)建、延伸、备采和回采全过程中，是矿井安全高效生产的重要保障。近年来，随着采煤技术的飞速发展，高产高效矿井大量涌现，其井型不断扩大、采深不断加深、工作面推进距离不断延长，长距离掘进巷道，尤其是超过 2 km 的掘进巷道日益普遍，甚至掘进 5 km 以上的巷道也越来越多[34, 35]。

煤矿长距离掘进通风的主要问题为[34]：①煤巷长度增加，煤壁暴露面积增加，瓦斯涌出量增大，巷道总需风量增加。②风筒长度增加，风筒风阻增大，漏风增多，风筒末端风量、风压难以满足要求，工作面通风、除尘、降温困难。③若采用大功率通风机，全压下风压较大，风筒胀裂和吹脱节现象时有发生。④若增大风筒直径，风筒占用巷道空间增大，巷道管理困难。

6.1 风库长距离接力通风方式

风库长距离接力通风方式，按风库服务的掘进工作面数量和位置，分为单巷单向接力型、平行双巷接力型以及单巷双向接力型三种。

6.1.1 单巷单向接力型

如图 6-1 所示为风库长距离单巷单向接力型通风方式，其风库的形状可因地制宜地选择矩形、等腰三角形或半圆形。

矩形风库和半圆形风库，在单巷单向接力型通风时的风流中转方式为 U 形；其只在一侧设有 2 道风墙，风墙上除安装风筒或通风机外，还分别装有正向和反向风门，以确保人员和设备能够进出风库且不产生漏风。

潼金矿业西潼峪矿的斜井单巷独头掘进长度为 5728 m，巷道断面积为 17 m²，这在掘进通风中已属超长距离通风。针对该矿超长距离通风困难的现状，选用矩形风库的 U 形中转通风方式，在地表斜坡口处安装 2 台大功率局部风机，并配合大直径风筒向风库供风，每个风库内布置 2 台通风机，利用多级风库联合向工作面供风，保障了掘进面的正常推进[35]。

七台河新兴煤矿单巷独头掘进长度为 3380 m，巷道断面积为 16 m²，绝对瓦

第6章 风库长距离接力通风

掘进通风是巷道掘进过程中因只有一个出口而无法形成贯穿风流所采用的一种通风方法，其出现于矿井开拓、扩(改)建、延伸、备采和回采全过程中，是矿井安全高效生产的重要保障。近年来，随着采煤技术的飞速发展，高产高效矿井大量涌现，其井型不断扩大、采深不断加深、工作面推进距离不断延长，长距离掘进巷道，尤其是超过 2 km 的掘进巷道日益普遍，甚至掘进 5 km 以上的巷道也越来越多[34, 35]。

煤矿长距离掘进通风的主要问题为[34]：①煤巷长度增加，煤壁暴露面积增加，瓦斯涌出量增大，巷道总需风量增加。②风筒长度增加，风筒风阻增大，漏风增多，风筒末端风量、风压难以满足要求，工作面通风、除尘、降温困难。③若采用大功率通风机，全压下风压较大，风筒胀裂和吹脱节现象时有发生。④若增大风筒直径，风筒占用巷道空间增大，巷道管理困难。

6.1 风库长距离接力通风方式

风库长距离接力通风方式，按风库服务的掘进工作面数量和位置，分为单巷单向接力型、平行双巷接力型以及单巷双向接力型三种。

6.1.1 单巷单向接力型

如图 6-1 所示为风库长距离单巷单向接力型通风方式，其风库的形状可因地制宜地选择矩形、等腰三角形或半圆形。

矩形风库和半圆形风库，在单巷单向接力型通风时的风流中转方式为 U 形；其只在一侧设有 2 道风墙，风墙上除安装风筒或通风机外，还分别装有正向和反向风门，以确保人员和设备能够进出风库且不产生漏风。

潼金矿业西潼峪矿的斜井单巷独头掘进长度为 5728 m，巷道断面积为 17 m²，这在掘进通风中已属超长距离通风。针对该矿超长距离通风困难的现状，选用矩形风库的 U 形中转通风方式，在地表斜坡口处安装 2 台大功率局部风机，并配合大直径风筒向风库供风，每个风库内布置 2 台通风机，利用多级风库联合向工作面供风，保障了掘进面的正常推进[35]。

七台河新兴煤矿单巷独头掘进长度为 3380 m，巷道断面积为 16 m²，绝对瓦的通风路线，自然风压和矿井通风机全压共同作用克服通风路线中的通风阻力，其关系为：

$$H_t + H_n = RQ^2 \qquad (5\text{-}49)$$

式中：H_t 为通风机全压，Pa；H_n 为自然风压，Pa；R 为矿井风阻，$N \cdot s^2/m^8$；Q 为矿井风量，m^3/s。

式(5-49)中，通风机全压 H_t 和矿井风量 Q 可以直接测得，因而只要在通风路线中开启 n 个相同的无风墙通风机站串联工作，测出其工作时的通风机全压 H_{tx} 和矿井风量 Q_x，按式(5-14)计算出单风机无风墙机站有效风压 ΔH，即可建立方程与式(5-49)联立解算出矿井自然风压 H_n。即

$$H_{tx} + H_n + n\Delta H = RQ_x^2 \qquad (5\text{-}50)$$

式中：Q_x 为矿井风量，m^3/s；H_{tx} 为矿井风量为 Q_x 时通风机的全压，Pa；ΔH 为串联作业的各个单风机无风墙机站有效风压，按式(5-14)确定，Pa；n 为单风机无风墙机站串联作业数。

解算式(5-49)和式(5-50)组成的联立方程组，得：

$$H_n = \frac{H_{tx}Q^2 + n\Delta HQ^2 - H_tQ_x^2}{Q_x^2 - Q^2} \qquad (5\text{-}51)$$

$$R = \frac{H_{tx} - H_t + n\Delta H}{Q_x^2 - Q^2} \qquad (5\text{-}52)$$

现场应用表明[33]，无风墙机站辅助测定矿井自然风压，既简便又精确，方便了矿井通风设计和管理，值得推广。

斯涌出量为 1.04 m³/min。通过分析现场情况和不断改进，最终采用等腰三角形风库的 V 形中转通风方式，在 1700 m 之前安装 2 台局部通风机，经 3 趟风筒向风库供风，在风库另一侧安装 2 台通风机，经 3 趟风筒向掘进面供风，达到了很好的长距离掘进通风效果[35]。

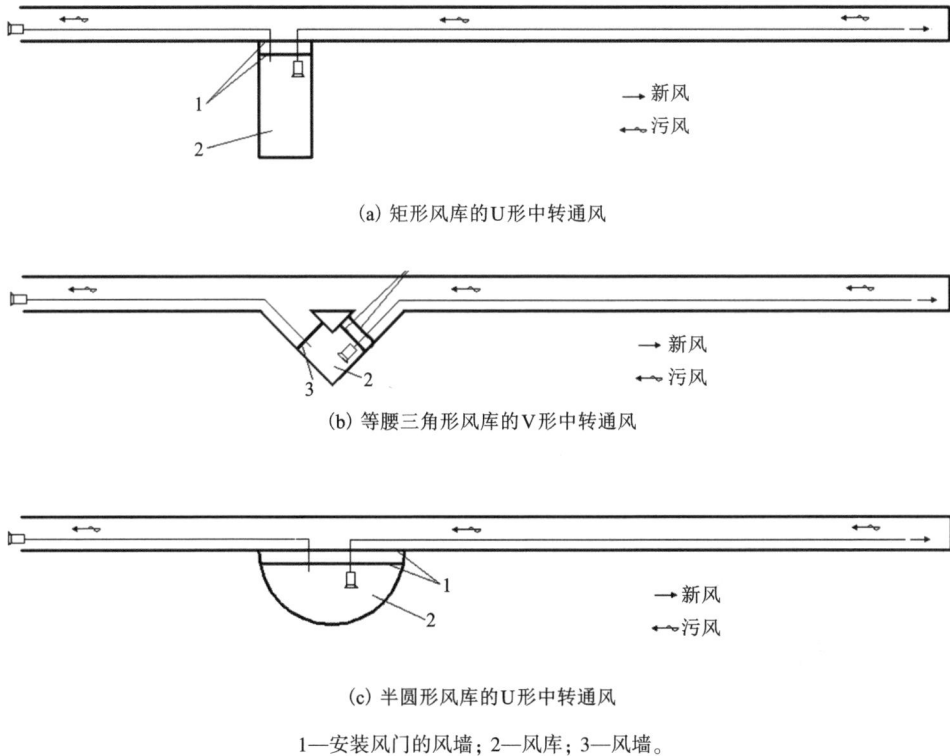

(a) 矩形风库的 U 形中转通风

(b) 等腰三角形风库的 V 形中转通风

(c) 半圆形风库的 U 形中转通风

1—安装风门的风墙；2—风库；3—风墙。

图 6-1　风库长距离单巷单向接力型通风

6.1.2　平行双巷接力型

风库长距离平行双巷接力型通风方式，是利用双巷的联络巷作为风库，风库的形状为矩形，在平行双巷接力型通风时的风流中转方式是"U+I"形。风库两侧设置风墙，其中一侧设有两道风墙并分别装有正向和反向风门，是风库的进风和出风侧，属于 U 形中转通风；另一侧的风墙只有一道，是风库向另一掘进巷道供风的出风侧，属于 I 形中转通风，见图 6-2 所示。

大同集团同忻煤矿主副斜井双巷掘进距离为 4500 m 以上，主副斜井巷道断面积超过 18 m²，绝对瓦斯涌出量为 0.57 m³/min。为满足通风需要，采用矩形风库的"U+I"形中转通风。在副斜井口外 20 m 处安装 2 台大功率通风机连接风筒，向主副斜井的风库送风，然后风库内每侧风墙安装 1 台通风机连接风筒，向主副斜井掘进工作面送风，满足了掘进面的用风需要[35]。

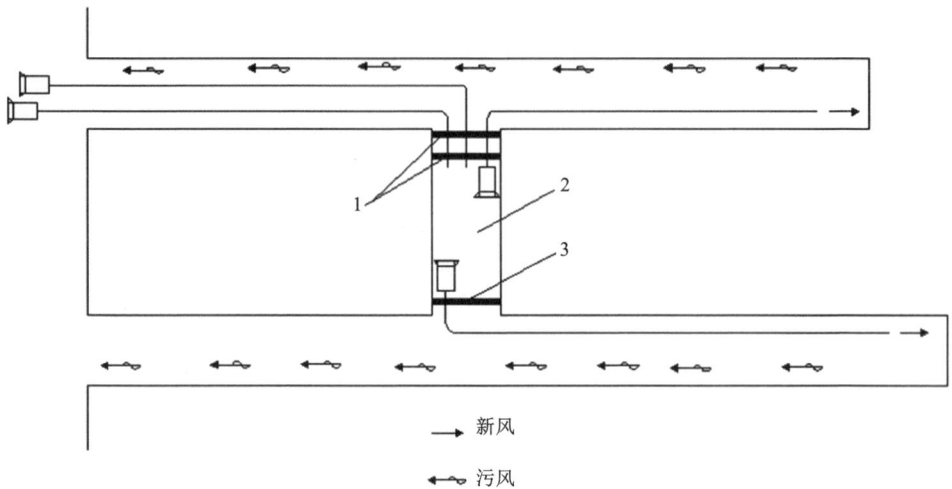

→ 新风

← 污风

1—安装风门的风墙；2—风库；3—风墙。

图 6-2 风库长距离平行双巷"U+I"形中转接力通风

6.1.3 单巷双向接力型

如图 6-3 所示，风库长距离单巷双向接力通风方式，是在掘进巷道的 T 形交叉口设置矩形风库，在单巷双向接力型通风时风流的中转方式为 T 形；可在矩形风库的正面进风、两端出风，且在一个出风端设有两道风墙并分别装有正向和反向风门，以确保人员和设备能够进出风库并不产生漏风。

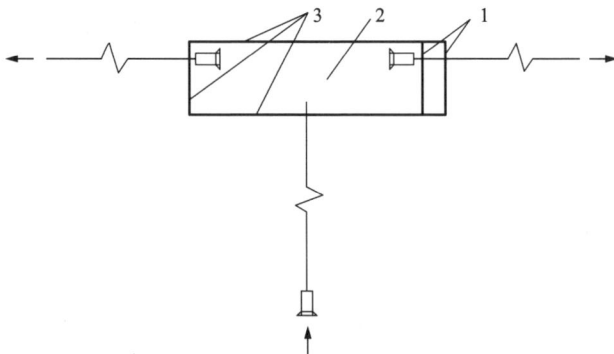

1—安装风门的风墙；2—风库；3—风墙。

图 6-3 矩形风库 T 形中转接力通风

研究显示[36, 37]，T 形中转矩形风库的进风口对面设置分风隔板时，会影响气流在风库内的分流并产生较多旋流，从而降低风库通风机的工作效率，因而 T 形中转矩形风库中无需设置分风隔板。

根据掘进巷道的断面大小，T 形中转矩形风库的布置方式有壁室型和顶室型。

(1) 顶室型 T 形中转矩形风库

当斜井或平硐连接大断面巷道，且巷道采用双向掘进时，如公路或铁路隧道的双向掘进，这时可采用铁皮或塑料板等材料制作封闭的矩形风库，然后将风库架设于斜井或平硐与隧道连接的 T 形处顶部，此时就可进行矩形风库的 T 形中转接力通风了，如图 6-4 所示。

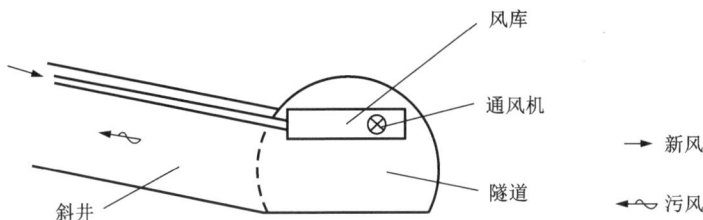

图 6-4　顶室型矩形风库 T 形中转接力通风

延崇高速公路为 2022 年冬奥会的赛场联络通道，其中松山隧道是延崇高速公路控制性工程，设计全长 6.829 km，双向 4 车道。设计 1 号斜井全长 1099 m，负责正洞 3285 m 施工任务，前期采用压入式通风，但随着正洞掘进面的推进，洞内通风效果很差；二阶段采用了顶室型矩形风库 T 形中转接力通风方式，提高了通风效果，改善了隧道内的空气质量[38]。

(2) 壁室型 T 形中转矩形风库

当斜井或平硐连接断面较小的巷道，且巷道采用双向掘进时，如矿井巷道的双向掘进，这时可在斜井或平硐与巷道连接的 T 形处开掘壁室并在其中建设矩形风库(图 6-5)。矩形风库只需在三面设置砖混结构的风墙即可，所以壁室型 T 形中转矩形风库的高度就是壁室的高度；而壁室的高度一般就是巷道的高度，所以壁室型 T 形中转矩形风库的高度，一般就是巷道的高度。

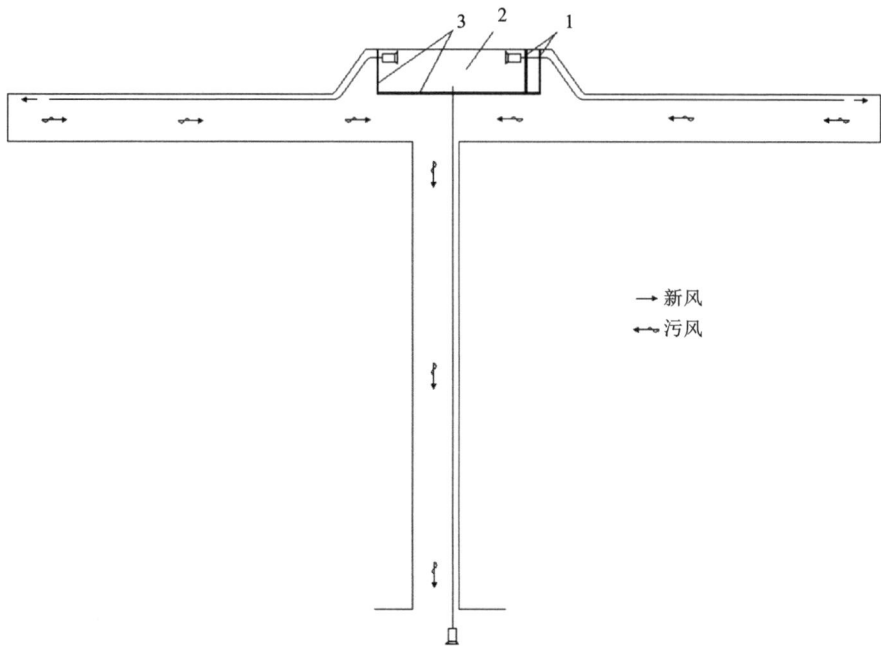

1—安装风门的风墙；2—风库；3—风墙。

图 6-5　壁室型矩形风库 T 形中转接力通风

6.2　风库长距离接力通风原理

风库长距离接力通风中，通过风库的间隔串联有效降低了风筒承受的最大压力，从而避免了风筒胀裂和吹脱节现象，并减少了风筒的沿途漏风。风库对风流的有效中转，使得通风机最大通风距离减小，这就有效保障了作业面的风量按需供给。

6.2.1　间隔串联分压及减漏原理

风库长距离接力通风中，各级风库属于间隔串联(图 6-6)，而同一风库中压入式出风的通风机属于并联。根据串联通风风压相加、并联通风风压相等的原理可知，风筒承受的最大风压是各个风库中一台通风机的风压，因而其承受的最大风压大幅度减小；同时，由于风筒承受的风压减小，所以风筒的漏风也将大幅度减少。

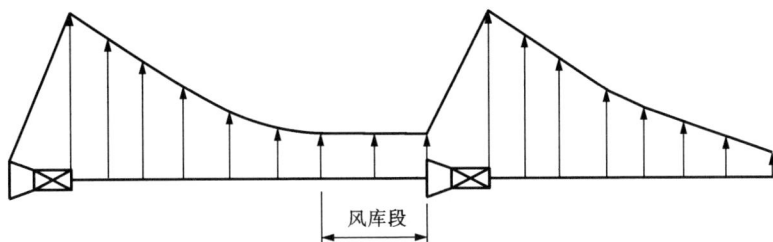

图 6-6　风库间隔串联分压及减漏原理

6.2.2　风库有效中转供风原理

（1）两级通风机风量关系

对于风库中转通风，为保证下级通风机满负荷吸纳上级通风机供给的新风，进而使下级通风机满负荷向风筒供风，并避免出现上级柔性风筒吸瘪的现象或风库中转处有污风内漏，上级通风机的供风量应等于下级通风机的吸风量，即风库接力通风有效中转应满足[39-41]：

$$Q_1 = Q_{f-2} \tag{6-1}$$

$$L_{e100-1} = \frac{Q_{f-1}-Q_1}{Q_{f-1}} \times \frac{100}{L_1} \tag{6-2}$$

式中：Q_1 为上级风筒出口风量，m_3/s；Q_{f-2} 为下级通风机工作风量（吸入风量），m^3/s；Q_{f-1} 为上级通风机工作风量（出口风量），m^3/s；L_1 为上级风筒长度，m；L_{e100-1} 为上级风筒百米漏风率。

将式（6-1）代入式（6-2），整理得：

$$Q_{f-1} = \frac{100Q_{f-2}}{100-L_1 L_{e100-1}} \tag{6-3}$$

式（6-3）给出了风库接力通风中，上、下两级通风机风量有效中转应满足的关系，只有这样才能使风库实现风量的有效中转。

（2）风库容量与两级风筒风量关系

如图 6-7 所示，对于风库容量的确定，从风库几何尺寸而言，应保证风库内通风机吸风口至风墙距离 L_{e1} 不小于风库内通风机的有效吸程，以避免风墙的漏风导致通风机将污风吸入；还应保证风库内通风机吸风口至内壁距离 L_{e2} 不小于风库内通风机的有效吸程，以避免吸风口汇流在风库内壁产生能量的摩擦损失[41]。

风库内风筒出风口至风库风墙距离 L_{s1}，一般应以不小于 1 m 为宜；风库内风筒出风口至风库内壁距离 L_{s2}，一般应不小于风筒出风口的有效射程，以避免风筒出风口射流在风库内壁产生能量的摩擦损失[6]。

$$S_p = Bh_0 \tag{6-4}$$

$$L_{e1} \geq 1.5\sqrt{S_p} \tag{6-5}$$

$$L_{e2} \geq 1.5\sqrt{S_p} \tag{6-6}$$

$$L_{s1} \geq 1 \tag{6-7}$$

$$L_{s2} \geq 5\sqrt{S_p} \tag{6-8}$$

式中：L_{e1} 为风库通风机吸风口至风墙距离，m；L_{e2} 为风库通风机吸风口至内壁距离，m；L_{s1} 为风筒出风口至风库风墙距离，m；L_{s2} 为风筒出风口至风库内壁距离，m；S_p 为矩形风库断面积，m²；B 为矩形风库宽度，m；h_0 为矩形风库高度，m。

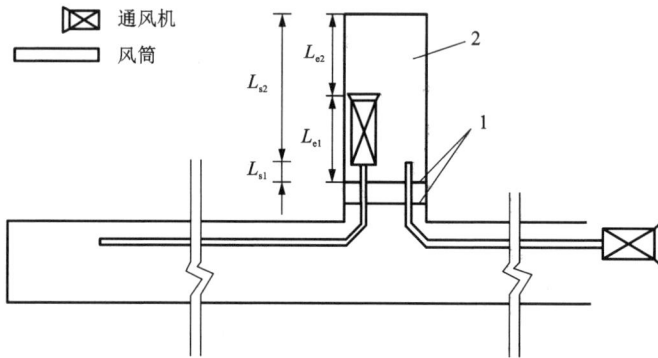

1—安装风门的风墙；2—风库；L_{e1}—风库通风机吸风口至风墙距离；L_{e2}—风库通风机吸风口至内壁距离；L_{s1}—风筒出风口至风库风墙距离；L_{s2}—风筒出风口至风库内壁距离。

图 6-7　矩形风库中转通风布置图

①在风库接力通风中，上、下两级通风机风量应满足式（6-3），此时 $Q_1 = Q_{f-2}$，即风库实现了风量平衡的有效中转。

②当上级风筒百米漏风率 L_{e100-1} 取值偏高时，此时 $Q_1 > Q_{f-2}$，风库出现进风量多于出风量的不平衡风量中转。其结果是风库压力逐渐升高，进而引起上级风筒出口风量 Q_1 减少、下级通风机工作风量 Q_{f-2} 增大，该过程一直持续进行，可直至二者相等停止，从而又达到了新的风量平衡。此时，下级风筒出口风量增大了，工作面出现了供大于求的情况，即通风出现了电能的浪费。

③当上级风筒百米漏风率 L_{e100-1} 取值偏低或风筒破损出现大量漏风时，此时 $Q_1 < Q_{f-2}$，风库出现进风量少于出风量的不平衡风量中转。其结果是风库压力逐渐降低，进而引起上级风筒出口风量 Q_1 增大、下级通风机工作风量 Q_{f-2} 降低；但

因为柔性风筒不能承受负压通风,该过程在风库出现负压时将由上级风筒被吸瘪而停止。此时,风库将无法实现风量的中转,工作面也无法获得需要的风量。

由于 $Q_1 < Q_{f-2}$ 引起风库出现零压的时间与风库容量和 $(Q_{f-2} - Q_1)$ 有关,其关系为:

$$t = \frac{V}{Q_{f-2} - Q_1} \tag{6-9}$$

式中:t 为风库出现零压的时间,s;V 为风库容量,m³;Q_{f-2} 为下级通风机工作风量(吸入风量),m³/s;Q_1 为上级风筒出口风量,m³/s。

由式(6-9)可以看出,在 $(Q_{f-2} - Q_1)$ 一定时,上级风筒被吸瘪的出现时间与风库容量成正比,风库容量越大,被吸瘪的出现时间也就越长,这就为工作面发现风量不足时,实施上级风筒增风措施提供了时间,有利于工作面的安全通风。

6.3 风库结构

6.3.1 风库的形状

如图 6-1 所示,风库常见的形状有矩形、等腰三角形和半圆形。研究表明[42]:

①矩形风库 U 形中转通风时,新风由上级风筒压入风库底部,仅有少量风流在反转过程中改变流动方向未被下级通风机吸入,大部分新风都能通过上级风筒与下级通风机的配合直接送至掘进工作面,可见矩形风库 U 形中转接力通风效果较好。

②等腰三角形风库 V 形中转通风时,风流通过上级风筒进入风库后,形成低风速的循环风流,影响了风流由上级风筒出口中转至下级通风机入口的效果。因此等腰三角形风库 V 形中转接力通风效果一般,较矩形风库 U 形中转通风效果差。

③半圆形风库 U 形中转通风时,风流通过上级风筒进入风库后,形成了几乎范围与风库大小相同的高风速涡流区,并在风库和上、下级风筒接口处形成风速较高的循环风流区,直接降低了风流由上级风筒出口中转至下级通风机入口的效果。因此半圆形风库 U 形中转通风时,通风效果较差,通风效率较低,实际中应尽量不在长距离掘进工程中采用半圆形风库接力通风。

6.3.2 U 形中转通风时矩形风库结构

(1)风库高度

矿井常用的 U 形中转矩形风库,其高度一般与巷道高度相同,即风库高度为巷道的高度，通常为 4 m[43]。

（2）风库的长度与宽度

由式（6-5）～式（6-8）可知，U 形中转矩形风库的长度 L 应满足：

$$L \geqslant 1 + 5\sqrt{S_p} \tag{6-10}$$

式中：L 为矩形风库的长度，m；S_p 为矩形风库断面积，m²。

U 形中转矩形风库，长度一般为 20～30 m，宽度一般为 5～7 m[43]。研究表明[43]，U 形中转矩形风库的最佳长度 L_0 是巷道高度 h_0 的 6.25 倍，最佳宽度 B_0 是巷道高度 h_0 的 1.2 倍，即 $L_0 = 6.25 h_0$、$B_0 = 1.2 h_0$ 时，矩形风库风流中转效果最好。

6.3.3　T 形中转通风时矩形风库结构

（1）风库高度

顶室型 T 形中转矩形风库的高度，一般为 2～2.5 m[36, 38]。

壁室型 T 形中转矩形风库的高度就是壁室的高度，而壁室的高度，一般就是巷道的高度；所以壁室型 T 形中转矩形风库的高度，一般就是巷道的高度，通常为 4 m。

（2）风库的长度与宽度

T 形中转矩形风库，其长度一般为 18～30 m，宽度一般为 7～10 m[36-38, 44]；研究表明[45]，当矩形风库的长宽比为 2∶1 时，风库 T 形中转的通风效率最高。

（3）风库出风通风机位置与间距

如图 6-3 所示，T 形中转通风时，风库下级通风机应尽量远离风库进风壁并对称布置于出风壁内。此时风库内部风流的引流速度和引流范围最大，风流运动路径最优，通风效率最高；下级通风机沿风库中轴线对称布置时，其通风效率一般；下级通风机靠近风库进风壁对称布置时，通风效率最低[36, 45]。

当左右两侧的需风量不同时，在需风量多的一侧增设一台通风机，或者两侧均布置 2 台通风机时，为保证通风机的通风效率，2 台通风机的间距应保持在 2 m，此时通风机的通风效率最高[37, 38, 45]。

6.4　长距离风筒经济合理直径

长距离风筒直径的大小，直接影响着长距离通风的能力及其经济性。在通过风量一定的条件下，风筒直径越大其风阻和通风阻力就越小，通风电费也越少；但风筒直径越大，风筒购置费以及安装与维护费也越大。因此，在选择长距离风筒直径时，应全面考虑这三种费用，即应使这三种费用的总和为最小。长距离风筒经济合理直径，就是在通风工程服务期内，长距离风筒的购置费用、通风电费以及安装与维护费之和为最小时的风筒直径。

长距离风筒通风时，因其服务年限较短，所以通风工程服务期内的总费用可不考虑资金的时间价值。

$$E = E_1 + E_2 + E_3 \tag{6-11}$$

式中：E 为通风工程服务期内风筒的通风总费用，元；E_1 为风筒购置费，元；E_2 为通风工程服务期内风筒的通风电费，元；E_3 为通风工程服务期内风筒的安装与维护费，元。

6.4.1　风筒购置费

风筒直径增大，其需要的材料也增加，因此风筒的购置费用也增加。依据风筒生产厂家所给的价格经过统计分析，风筒价格与风筒直径基本上是如下线性关系[46]：

$$E_1 = (a + bD)L \tag{6-12}$$

式中：a 为某直径风筒单位长度的增加费用，元/m；b 为某直径风筒单位长度时其直径增大 1 m 所增加的费用，元/($\mathrm{m \cdot m}$)；D 为风筒的直径，m；L 为风筒的长度，m。

6.4.2　风筒的通风电费

6.4.2.1　风筒的风阻

(1)按风筒的摩擦风阻和局部风阻计算

风筒的风阻由摩擦风阻和局部风阻组成。

$$R = R_f + R_e \tag{6-13}$$

$$R_f = \alpha \frac{LP}{S^3} \tag{6-14}$$

$$R_e = R_a + R_b + R_c = \frac{\rho}{2S^2} \left(n\xi_a + \sum_{j=1}^{k} \xi_{bj} + \xi_c \right) \tag{6-15}$$

式中：R 为风筒的风阻，$\mathrm{N \cdot s^2/m^8}$；R_f 为风筒的摩擦风阻，$\mathrm{N \cdot s^2/m^8}$；R_e 为风筒的局部风阻，$\mathrm{N \cdot s^2/m^8}$；R_a 为风筒所有接头的局部风阻，$\mathrm{N \cdot s^2/m^8}$；R_b 为风筒所有拐弯的局部风阻，$\mathrm{N \cdot s^2/m^8}$；R_c 在压入式通风时为风筒的出口风阻，在抽出式通风时为风筒的入口风阻，$\mathrm{N \cdot s^2/m^8}$；L 为风筒的长度，m；S 为风筒的断面积，$\mathrm{m^2}$；P 为风筒的断面周长，m；α 为风筒的摩擦阻力系数，$\mathrm{N \cdot s^2/m^4}$；ρ 为空气密度，$\mathrm{kg/m^3}$；n 为风筒的接头数；ξ_a 为风筒的接头局部阻力系数；ξ_{bj} 为风筒第 j 个拐弯的局部阻力系数，可按拐弯角度 β 从图 6-8 中查出；k 为风筒的拐弯数；ξ_a 为风筒的接头局部阻力系数；ξ_c 在压入式通风时为风筒出口的局部阻力系数，ξ_c $=1^{[6]}$，在抽出式通风时为风筒入口的局部阻力系数，当入口处完全修圆时 $\xi_c =$

0.1，不修圆的直角入口 $\xi_c = 0.5 \sim 0.6^{[6, 46]}$。

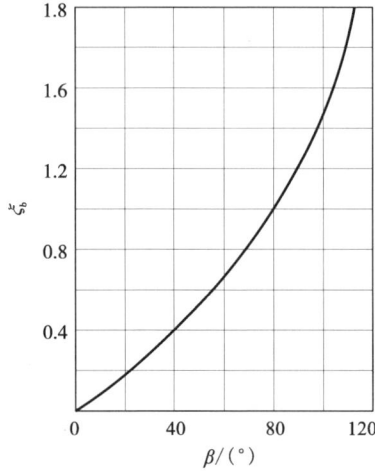

图 6-8　风筒拐弯的局部阻力系数[6]

将式(6-14)和式(6-15)代入式(6-13)得：

$$R = \alpha \frac{LP}{S^3} + \frac{\rho}{2S^2}\left(n\xi_a + \sum_{j=1}^{k} \xi_{bj} + \xi_c\right) \qquad (6-16)$$

对于圆形风筒，$R_f = \alpha \dfrac{LP}{S^3} = \dfrac{64\alpha L}{\pi^2 D^5}$，因此有：

$$R = \frac{64\alpha L}{\pi^2 D^5} + \frac{\rho}{2S^2}\left(n\xi_a + \sum_{j=1}^{k} \xi_{bj} + \xi_c\right) \qquad (6-17)$$

式中：D 为风筒的直径，m。

①风筒的摩擦阻力系数 α。同直径的刚性风筒，α 值可视为常数。金属风筒内壁粗糙度大致相同，所以 α 值只与风筒直径有关，其值参考表 6-1 选取。玻璃钢 JZK 系列风筒的 α 值可按表 6-2 选取。

表 6-1　金属风筒摩擦阻力系数[6]

风筒直径/mm	200	300	400	500	600	800
$\alpha/(\times10^{-4}\text{N}\cdot\text{s}^2\cdot\text{m}^{-4})$	49	44.1	39.2	34.3	29.4	24.5

表 6-2　玻璃钢 JZK 系列风筒的摩擦阻力系数[6]

风筒型号	JZK-800-42	JZK-800-50	JZK-700-36
$\alpha/(\times10^{-4}\text{N}\cdot\text{s}^2\cdot\text{m}^{-4})$	19.6~21.6	19.6~21.6	19.6~21.6

风压的大小影响到柔性风筒和带刚性骨架柔性风筒筒壁的绷紧程度，而壁面的绷紧程度可导致风筒内壁粗糙度的改变，因而柔性风筒和带刚性骨架柔性风筒的摩擦阻力系数皆与其壁面承受的风压有关。如图 6-9 中曲线 I 是开滦赵各庄矿对柔性压入式 $\phi 460$ mm 胶皮风筒测定的风筒 α 值随风压增大而减少的情况，表明随着压入式通风风压的提高，由于柔性风筒壁面进一步鼓胀其 α 值略有减小。对 KSS600-X 型带刚性骨架的柔性风筒的抽出式通风测定表明，带刚性骨架的柔性风筒的 α 值随抽出式通风负压的增大而略有增大，如图 6-9 中的曲线Ⅱ所示。

②风筒的接头局部阻力系数 ξ_a。当金属风筒用法兰盘连接其内壁较光滑时，ξ_a 可以忽略不计。但柔性风筒的接头套圈向内凸出时，风压越大，风筒壁鼓胀，则套圈向内凸出就越多，其 ξ_a 也就越大，如图 6-9 中的曲线Ⅲ。带刚性骨架的柔性风筒采用快速接头软带时，其 ξ_a 随压力增大而略有减小，如图 6-9 中的曲线Ⅳ。

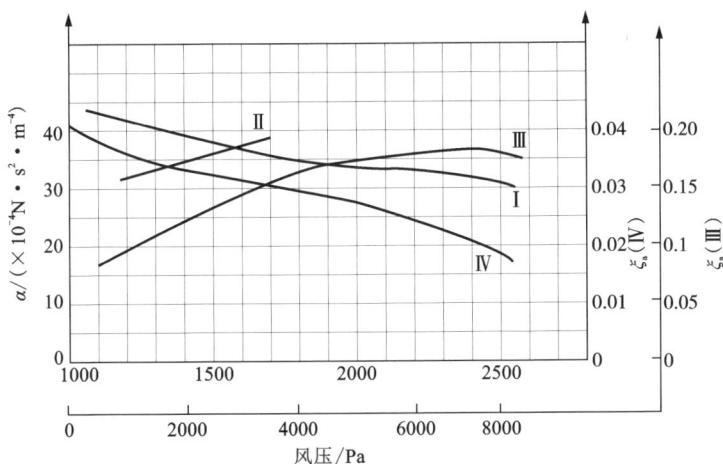

图 6-9　风筒摩擦阻力系数及接头阻力系数曲线[6]

（2）按风筒的摩擦风阻估算

在局部通风中，风筒的总风阻可根据总摩擦风阻进行估算。一般认为，将风筒的接头局部风阻与拐弯局部风阻之和，以及风筒的出口风阻（压入式）或入口风阻（抽出式）合计为风筒总摩擦风阻的 20%[46]。因此，风筒的风阻为：

$$R = \frac{1.2 \times 64\alpha L}{\pi^2 D^5} = 7.782 \frac{\alpha L}{D^5} \qquad (6\text{-}18)$$

（3）按风筒的百米风阻计算

在实际应用中，整列风筒风阻除与长度和接头等有关外，还与风筒的吊挂、维护等管理质量密切相关，很难用式（6-16）或式（6-17）进行精确计算，一般都根据实测风筒百米风阻(包括摩擦风阻和局部风阻)作为衡量风筒管理质量和风筒设计的依据。根据风筒的百米风阻 R_{100},风筒的风阻为:

$$R = R_{100} \times \frac{L}{100} \qquad (6-19)$$

式中:R 为风筒的风阻,N·s^2/m^8;R_{100} 为风筒的百米风阻,N·s^2/m^8;L 为风筒的长度,m。

百米风阻可通过实测确定,表 6-3 是开滦某矿和重庆煤科分院实测的风筒百米风阻值。当缺少实测资料时,胶布风筒的摩擦阻力系数 α 与百米风阻(吊挂质量一般)R_{100} 可参照表 6-4 所列数据选取。

表 6-3　开滦某矿和重庆煤科分院实测的风筒百米风阻值[6]

风筒类型	风筒直径/mm	接头方法	百米风阻/(N·s^2·m^{-8})	备注
胶布风筒	400	单反边	131.32	10 m 节长
	400	双反边	121.72	10 m 节长
	500	多反边	54.20	50 m 节长
	600	双反边	23.33	10 m 节长
	600	双反边	15.88	30 m 节长

表 6-4　胶布风筒的摩擦阻力系数与百米风阻值[6]

风筒直径/mm	300	400	500	600	700	800	900	1000
$\alpha \times 10^4$/(N·s^2·m^{-4})	53	49	45	41	38	32	30	29
R_{100}/(N·s^2·m^{-8})	412	314	94	34	14.7	6.5	3.3	2.0

6.4.2.2　风筒的漏风

正常情况下,金属和玻璃钢风筒的漏风,主要发生在接头处;胶布风筒不仅接头处漏风,而且在全长的壁面和缝合针眼处都漏风,所以风筒漏风属连续的均匀漏风。漏风使局部通风机风量 Q_a(即风筒与通风机连接端风量,又称风筒始端风量)与掘进工作面获得的风量 Q(即风筒靠近工作面一端的风量,又称风筒末端风量)不等。因此,可用风筒始、末两端风量的几何平均值作为通过风筒的平均风量 Q_h,即[6]

$$Q_h = \sqrt{Q_a Q} \qquad (6-20)$$

式中:Q_h 为风筒的平均风量,m^3/s;Q_a 为风筒始端风量,m^3/s;Q 为风筒末端风量，m^3/s。

显然 Q_a 与 Q 之差就是风筒的漏风量 Q_λ，它与风筒种类、接头数目、接头方法、接头质量、风筒直径以及风压等有关，但更主要的是与风筒的维护和管理密切相关。风筒的漏风程度，可用反映风筒漏风程度的指标予以表示。

（1）风筒的漏风率

风筒的漏风量占局部通风机工作风量的百分数称为风筒的漏风率，用 η_λ 表示。

$$\eta_\lambda = \frac{Q_\lambda}{Q_a} \times 100\% = \frac{Q_a - Q}{Q_a} \times 100\% \qquad (6-21)$$

η_λ 虽能反映风筒的漏风情况，但不能作为对比指标，故常用的是风筒的百米漏风率 $\eta_{\lambda100}$ 这个指标。

$$\eta_{\lambda100} = \frac{\eta_\lambda}{L} \times 100 \qquad (6-22)$$

一般柔性风筒的百米漏风率可从表 6-5 的现场实测数据中查取。在实际使用中，一般柔性风筒的百米漏风率应符合表 6-6 中要求的标准。

表 6-5　柔性风筒百米漏风率[6]

风筒接头类型	$\eta_{\lambda100}$/%
胶接	0.1~0.4
双反边	0.6~4.4
多层反边	3.05
插接	12.8

表 6-6　柔性风筒的百米漏风率应符合的标准[6]

通风距离/m	<200	200~500	500~1000	1000~2000	>2000
$\eta_{\lambda100}$/%	<15	<10	<3	<2	<1.5

（2）风筒的有效风量率

掘进工作面获得的风量 Q 占局部通风机工作风量 Q_a 的百分数，称为风筒的有效风量率 p_e。

$$p_e = \frac{Q}{Q_a} \times 100\% = \frac{Q_a - Q_\lambda}{Q_a} \times 100\% = (1 - \eta_\lambda) \times 100\% \qquad (6-23)$$

(3)风筒漏风的备用系数 ψ

风筒有效风量率的倒数,称为风筒漏风的备用系数。即

$$\psi = \frac{Q_a}{Q} = \frac{1}{p_e} \qquad (6-24)$$

式中: ψ 为风筒漏风备用系数。

风筒漏风的备用系数 ψ 是大于 1 的系数,它越大表明风筒漏风越严重。

金属风筒的漏风主要发生在连接处。若把风筒的漏风看成是连续的,且漏风状态是紊流,金属风筒的漏风备用系数 ψ 值为:

$$\psi = \left(1 + \frac{1}{3}KDn\sqrt{R_1 L}\right)^2 \qquad (6-25)$$

式中: K 相当于直径为 1 m 的金属风筒每个接头的漏风率,与风筒的连接质量和方式有关,如插接时 $\psi = 0.0026 \sim 0.0032$ m³/(s·Pa^{1/2}),法兰盘连接用草绳垫圈时 $\psi = 0.002 \sim 0.0026$ m³/(s·Pa^{1/2}),法兰盘连接用胶质垫圈时 $\psi = 0.003 \sim 0.0016$ m³/(s·Pa^{1/2}); n 为风筒的接头数; R_1 为每米风筒的风阻, N·s²/m⁸。

柔性风筒不仅接头漏风,在风筒全长上都有漏风,而漏风量随风筒内风压增大而增大。将式(6-22)和式(6-23)代入式(6-24),得柔性风筒的 ψ 值计算公式为:

$$\psi = \frac{1}{1 - \eta_\lambda} = \frac{1}{1 - \eta_{\lambda 100} \times \dfrac{L}{100}} \qquad (6-26)$$

柔性风筒的漏风若仅考虑接头漏风而忽略在风筒全长其他各处的漏风,则 $\eta_\lambda \approx n\eta_j$,将其代入式(6-26)得柔性风筒 ψ 值的近似计算公式为:

$$\psi \approx \frac{1}{1 - n\eta_j} \qquad (6-27)$$

式中: η_j 为柔性风筒每个接头的漏风率,插接时 $\eta_j = 0.01 \sim 0.02$;螺圈反边接头时 $\eta_j = 0.005$。

6.4.2.3 风筒通风年消耗的能量

根据掘进工作面所需风量 Q 和风筒的漏风情况,用式(6-24)计算风筒的始端风量 Q_a。

$$Q_a = \psi Q \qquad (6-28)$$

风筒通风时消耗的能量为:

$$F = RQ_h^2 Q_a \qquad (6-29)$$

式中: F 为通风时风筒消耗的能量, W; Q_h 为风筒的平均风量, m³/s; Q 为风筒的末端风量(即掘进工作面所需风量), m³/s; R 为风筒的风阻, N·s²/m⁸。

将式(6-20)、式(6-26)和式(6-28)代入式(6-29),整理得:

$$F=\psi^2RQ^3=\frac{7.782}{(1-0.01\eta_{\lambda100}L)^2}\times\frac{\alpha LQ^3}{D^5} \tag{6-30}$$

6.4.2.4　风筒通风电费

在通风工程服务期内,风筒的通风电费为:

$$E_2=\frac{24T_0tu_0F}{1000\eta_m\eta_{tr}\eta}=\frac{0.186768}{(1-0.01\eta_{\lambda100}L)^2}\times\frac{T_0tu_0\alpha LQ^3}{\eta_m\eta_{tr}\eta D^5} \tag{6-31}$$

式中:E_2 为风筒通风每年需要的通风电费,元;u_0 为电费单价,元/(kW·h);η_m 为电动机的效率;η_{tr} 为传动效率;η 为通风机的效率;t 为通风工程服务年限,a;T_0 为年通风时间,d/a。

选取 $T_0=330$ d/a,由式(6-31)可得风筒的年通风电费为:

$$E_2=\frac{61.63}{(1-0.01\eta_{\lambda100}L)^2}\times\frac{tu_0\alpha LQ^3}{\eta_m\eta_{tr}\eta D^5} \tag{6-32}$$

6.4.3　风筒的安装与维护费

风筒安装与维护费用包括安装维护风筒时的材料消耗费、工人工资等,其费用与风筒购置费用成正比,即风筒的安装与维护费为[46]:

$$E_3=C_0E_1=C_0(a+bD)L \tag{6-33}$$

式中:E_3 为通风工程服务期内风筒的安装与维护费,元;C_0 为风筒年分摊的安装费以及年维护费系数,一般为 0.3[46];a 为某直径风筒单位长度的增加费用,元/m;b 为某直径风筒单位长度时其直径增大 1 m 所增加的费用,元/m²。

6.4.4　风筒的经济直径

将式(6-12)、式(6-32)以及式(6-33)代入式(6-11),整理得长距离风筒通风的年经营费用为:

$$E=(1+C_0)(a+bD)L+\frac{61.63}{(1-0.01\eta_{\lambda100}L)^2}\times\frac{tu_0\alpha LQ^3}{\eta_m\eta_{tr}\eta D^5} \tag{6-34}$$

对式(6-34)两边求 D 的导数,并令 $\dfrac{dE}{dD}=0$,求得风筒经济直径为:

$$D_0=\sqrt[6]{\frac{308.15}{(1-0.01\eta_{\lambda100}L)^2}\times\frac{tu_0\alpha Q^3}{\eta_m\eta_{tr}\eta(1+C_0)b}} \tag{6-35}$$

式中:D_0 为风筒的经济直径,m;t 为通风工程服务年限,a。

6.4.5　风筒经济直径实例分析

某煤矿掘进工作面的风量 Q 为 2.5 m³/s,采用胶布风筒,风筒的的摩擦阻力

系数 α 根据其直径按表6-4选取，通风动力电价 u_0 为0.80元/(kW·h)；根据市场状况，对于煤矿正压风筒，直径为800 mm的价格为202元/节，直径为500 mm的价格为96元/节，每节风筒的长度均是10 m；电动机效率 $\eta_m = 0.9$，电动机与通风机的传动(轴连接)效率 $\eta_{tr} = 1$，通风机的效率 $\eta = 0.85$，试确定不同通风距离及其相应通风年限时风筒的经济直径。

选取 $C_0 = 0.3$，$\eta_{\lambda100} = 0.01$，已知 $Q = 2.5$ m³/s、风筒的摩擦阻力系数 α 根据其直径按表6-4选取、$u_0 = 0.80$ 元/(kW·h)、$\eta_m = 0.9$、$\eta_{tr} = 1$ 以及 $\eta = 0.85$；因风筒直径为800 mm和500 mm时的价格分别为202元/节和96元/节，每节风筒的长度均是10 m，所以 $b = (202-96)/(0.8-0.5)/10 \approx 35.22$ 元/(m·m)。由式(6-35)求得不同通风距离 L 及其相应通风年限 t 时风筒的经济直径见表6-7。

表6-7 不同通风距离 L 及不同通风年限 t 时风筒的经济直径

L/m	Q/(m³·s⁻¹)	t/a	b/(元·m⁻¹)	$\eta_{\lambda100}$	α/(N·s⁻²·m⁻⁴)	D_0/m
50	2.5	0.10	35.33	0.01	0.00410	0.60
200	2.5	0.25	35.33	0.01	0.00385	0.69
500	2.5	0.40	35.33	0.01	0.00352	0.75
1000	2.5	0.70	35.33	0.01	0.00315	0.82
2000	2.5	1.15	35.33	0.01	0.00298	0.92
3000	2.5	1.55	35.33	0.01	0.00290	1.00
4000	2.5	1.85	35.33	0.01	0.00287	1.08
5000	2.5	2.15	35.33	0.01	0.00283	1.18
6000	2.5	2.45	35.33	0.01	0.00279	1.29
7000	2.5	2.75	35.33	0.01	0.00275	1.45

目前，矿井局部通风风筒选取的一般原则为[6,46]：当送风距离在200 m以内，送风量不大于2~3 m³/s时，风筒直径一般为300~400 mm；送风距离在200~500 m时，风筒直径一般为400~500 mm；送风距离在500~1000 m时，风筒直径一般为500~600 mm；送风距离大于1000 m时，风筒直径一般为600~800 mm。

由表6-7可以看出，式(6-35)计算的风筒经济直径，基本上都比目前风筒使用中选用的直径大。这主要是因为风筒进行局部通风时，风筒的经济直径与风筒的购置费用、风筒通风的电费以及风筒安装维护费用有关，在总费用最小情况下的风筒经济直径，可以使局部通风的技术和经济效果最好。因此，若巷道断面允许时，局部通风中的风筒尽可能选用经济直径，以达到掘进工作面的风量大、阻力小、通风费用低的通风效果。

6.5　风库长距离接力通风设计

在单巷、双巷或多巷长距离掘进中，应根据具体的现场条件，在充分考虑安全、经济、高效等多方面因素后，按照风库长距离接力通风原理，设计和使用最佳的风库长距离接力通风方案。

6.5.1　掘进面需风量

每个掘进工作面实际需要风量，应按 CH_4 涌出量、CO_2 涌出量、人员和爆破后的有害气体产生量、粉尘浓度、柴油设备废气中的有害成分和热量等的安全限值分别进行计算，然后取其中的最大值，再按风速要求进行验算。

6.5.1.1　按排出 CH_4 或 CO_2 计算所需风量

$$Q_w = \frac{100 K_q Q_q}{C_p - C_i} \qquad (6-36)$$

式中：Q_w 为排出掘进工作面 CH_4 或 CO_2 所需风量，m^3/s；Q_q 为掘进巷道 CH_4 或 CO_2 平均绝对涌出量，m^3/s；K_q 为 CH_4 或 CO_2 涌出不均衡系数（正常生产条件下，连续观测 1 个月，日最大 CH_4 或者 CO_2 绝对涌出量与月平均日 CH_4 或者 CO_2 绝对涌出量的比值），一般为 1.5～2.0；C_p 为掘进井巷回风流中 CH_4 或 CO_2 最高允许浓度，对于 CH_4 取 1，对于 CO_2 取 1.5，%；C_i 为掘进井巷进风流中的 CH_4 浓度或 CO_2 浓度，该值取入风流中基底 CH_4 浓度或者 CO_2 浓度，在矿井通风设计计算中该值常取 0，%。

6.5.1.2　按工作人员数量计算所需风量

《煤矿安全规程》规定，井下人员每人每分钟供风量不低于 4 m^3。即

$$Q_n = \frac{4N}{60} \qquad (6-37)$$

式中：Q_n 为掘进工作面作业人员需风量，m^3/s；N 为掘进工作面同时工作的最多人数，人。

6.5.1.3　按排除炮烟计算所需风量

矿井通风设计时，常按使用 1 kg 炸药供风 25 m^3/min 的标准计算掘进工作面排除炮烟所需的风量。即

$$Q_{pe} = \frac{25A}{60} \qquad (6-38)$$

式中：Q_{pe} 为掘进工作面排除炮烟所需风量，m^3/s；A 为掘进爆破炸药量，kg。

6.5.1.4 按粉尘浓度不超过允许浓度计算所需风量

按粉尘浓度不超过允许浓度计算所需风量的计算式为：

$$Q_d = \frac{E}{G_p - G_i} \tag{6-39}$$

式中：Q_d 为稀释掘进工作面粉尘不超过允许浓度所需风量，m^3/s；E 为掘进巷道的产尘量，mg/s；G_p 为最高允许含尘量，当矿尘中含游离 SiO_2 等于或大于 10%时为 2 mg/m^3，当矿尘中含游离 SiO_2 小于 10%时为 10 mg/m^3；G_i 为进风流中含尘量，一般要求不超过 0.5 mg/m^3，在矿井通风设计计算中该值常取 0，mg/m^3。

6.5.1.5 按排出柴油设备废气中的有害成分和热量计算所需风量

柴油设备具有生产能力大、效率高和机动灵活等优点，在金属矿山得到了广泛的应用。由于柴油设备排出大量的废气和热量，因此矿井通风风量应能满足将柴油设备所排出的废气中有害成分稀释至允许浓度以下、将柴油设备所排出的热量全部带走的要求。

(1)按稀释柴油设备排出的有害成分不超过允许浓度计算所需风量

柴油设备所排放的废气成分很复杂，所包含的有害成分有氮氧化合物、含氧碳氢化合物、低碳化合物、硫的化合物、碳氧化合物、油烟等，其主要成分是一氧化碳和氮氧化合物。按照风流的稀释作用，风流中保证柴油设备所排出的有害成分不超过允许浓度的风量为：

$$Q_c = \frac{E_c}{G_c} \tag{6-40}$$

式中：Q_c 为稀释掘进工作面柴油设备所排放的有害成分不超过允许浓度所需的风量，m^3/s；E_c 为柴油设备有害成分的平均排放量，mg/s；G_c 为有害成分的最高允许浓度，一氧化碳的 $G_c = 30$ mg/m^3，氮氧化合物的 $G_c = 5$ mg/m^3。

(2)按带走柴油设备所排出的热量计算所需风量

有柴油设备运行时，按同时作业台数每千瓦供风量 4 m^3/min 的标准计算。

$$Q_r = \frac{4N_r}{60} \tag{6-41}$$

$$N_r = N_1 K_1 + N_2 K_2 + \cdots + N_n K_n \tag{6-42}$$

式中：Q_r 为带走掘进工作面柴油设备所排放的热量所需的风量，m^3/s；N_r 为所有柴油设备的总功率，kW；N_1，N_2，N_3，$\cdots$，N_n 为各种柴油设备的额定功率，kW；K_1，K_2，K_3，$\cdots$，K_n 为各种柴油设备实际运转时间占总工作时间的比例。

6.5.1.6 按巷道最低和最高风速验算并确定需风量

在上述各式分别计算出来的 Q_w、Q_n、Q_{pe}、Q_d、Q_c 和 Q_r 中，选择其中的一个

最大者 Q_{max} 进行巷道最低和最高风速验算。

岩石巷道按最低风速 $v_1 = 0.15$ m/s、最高风速 $v_2 = 4$ m/s 进行验算,半煤岩巷或煤巷按最低风速 $v_1 = 0.25$ m/s、最高风速 $v_2 = 4$ m/s 进行验算。即

①当 $v_1 < Q_{max}/S < v_2$ 时(S 为井巷断面积),该 Q_{max} 就是井巷掘进工作面的合理需风量。

②当 $Q_{max}/S < v_1$ 时,则取 $v_1 S$ 为井巷掘进工作面的合理需风量。

③当 $Q_{max}/S > v_2$ 时,则需要采取措施,降低该掘进工作面的 CH_4 涌出量和各种有害气体浓度,或者扩大巷道断面,以确保巷道风速符合《煤矿安全规程》要求。

6.5.2　风筒位置

如图 6-10 所示,掘进工作面采用压入式通风时,出风口形成的射流属末端封闭有限贴壁射流。气流流出风筒后贴着巷道壁运动,由于风流的卷吸作用,射流断面逐渐扩张直至达到最大值,此段为射流扩张段,其长度用 L_a 表示;随后射流断面逐渐减小至 0,此段称为射流收缩段,其长度用 L_b 表示;两段之和为射流有效射程,其长度以 L_s 表示。在 L_s 的范围内,掘进面风流形成了射流区、回流区以及由于卷吸作用在射流区和回流区界面上形成的涡流区[47, 48]。

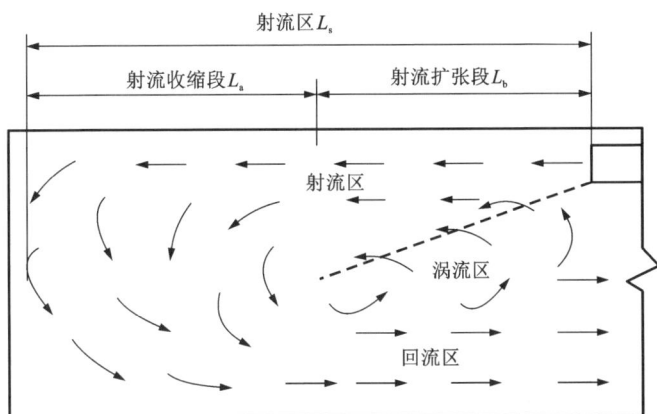

L_a—射流扩张段长度;L_b—射流收缩段长度;L_s—射流有效射程。

图 6-10　掘进工作面压入式通风风流分布示意图

涡流区的产生,减弱了回风风流对粉尘和有害气体的排放,使得该区域的呼吸性粉尘及有害气体浓度较高,并且浪费了通风的能量[48, 49]。

(1)风筒口距掘进面的最佳距离

已有的研究表明[48]:①风筒口距掘进头较近时,气流射出风筒后贴着巷道壁

运动，射流断面逐渐扩张，但是还未形成最大断面之前就碰到了煤壁，因此风流方向发生转变，形成了回流区；由于风流的卷吸作用，同时形成了一个较大的涡流区。

②随着风筒口距掘进面距离的增加，仍然在风筒口前方只形成了射流扩张段，但形成的涡流区在变小。

③当风筒口距掘进面为最佳距离 L_0 时，风筒前方形成了射流扩张段和射流收缩段，且在风流的卷吸作用下，在射流区和回流区界面上形成了较小的涡流区。

④当风筒口距掘进面距离超过最佳距离 L_0 时，由于风流的卷吸作用，在掘进面的另一角（即斜对风筒口的拐角）形成了一个低风速区，此处粉尘和有害气体很容易聚集且不易排出；同时，也会在射流区和回流区界面上形成一个狭长的涡流区。

根据掘进工作面压入式通风时形成的涡流区最小原理，通过数值模拟和现场实测研究，风筒口距掘进面的最佳距离 L_0 为[48,50]：

$$L_0 = 2\sqrt{S_c} \tag{6-43}$$

式中：L_0 为风筒口距掘进面的最佳距离，m；S_c 为巷道断面积，m²。

(2)风筒安装高度

基于既可以兼顾施工技术和安装条件，又能有效降低掘进面粉尘和有害气体积聚的风险，风筒的合理安装高度为[48,51]：

$$H_0 = \frac{1}{3}H \tag{6-44}$$

式中：H_0 为风筒合理安装高度，m；H 为巷道高度，m。

6.5.3 通风机

(1)风筒的直径

按式(6-35)计算风筒的经济直径，据此选择与经济直径相近的市场柔性风筒。

(2)风筒的风阻

可按式(6-17)进行计算，也可按式(6-18)或式(6-19)估算确定。

(3)通风机风量

根据风筒出风口风量 Q 和风筒的漏风情况，由式(6-24)可得通风机工作风量 Q_a 为：

$$Q_a = \psi Q \tag{6-45}$$

式中：Q_a 为风库压入式通风机风量（即风筒始端风量），m³/s；Q 为风筒末端风量（即掘进工作面需风量或风库下级出风通风机风量），m³/s；ψ 为风筒漏风备用系数。

(4)通风机风压

压入式通风时,通风机全压与通风阻力的关系为:

$$H_t = RQ_h^2 + \xi_p \frac{\rho Q^2}{2S^2} \tag{6-46}$$

式中:H_t 为通风机全风压,Pa;R 为风筒的风阻,$N \cdot s^2/m^8$;Q_h 为风筒的平均风量,m^3/s;Q 为风筒末端风量,m^3/s;ξ_p 为风筒出风口的局部阻力系数;ρ 为空气密度,kg/m^3;S 为风筒断面积,m^2。

将式(6-20)代入式(6-46),得:

$$H_t = RQ_a Q + \xi_p \frac{\rho Q^2}{2S^2} \tag{6-47}$$

对于圆形风筒,$S = \frac{\pi D^2}{4}$;又因压入式通风时风筒的出风口可认为是突然扩散到大气的,其局部阻力系数 $\xi_p = 1$;所以 $\xi_p \frac{\rho Q^2}{2S^2} = \frac{0.811 \rho Q^2}{D^4}$。将其代入式(6-47)得:

$$H_t = RQ_a Q + \frac{0.811 \rho Q^2}{D^4} \tag{6-48}$$

式中:D 为风筒直径,m。

(5)选择通风机

根据需要的 Q_a、H_t 的值,在各类通风机工作特性曲线的合理工作范围内,选择出长期运行效率较高的风库通风机。

第 7 章　通风机部件疲劳损伤 MBN 检测

铁磁性材料在自发磁化过程中会形成许多磁化方向不同的微小区域，这些微小区域被称作"磁畴"，磁畴间被畴壁相互隔开。磁巴克豪森噪声（Magnetic Barkhausen Noise，简称 MBN）是铁磁性材料动态磁化过程中，因磁畴的不连续跳转和磁畴壁的不可逆移动而产生的一种信号[52]。

7.1　磁巴克豪森噪声及其测量磁各向异性原理

7.1.1　磁巴克豪森噪声检测原理

铁磁性材料在外磁场的作用下会发生磁化，每个磁畴沿着晶体的某个容易磁化的方向磁化，同时畴壁发生位移，畴内磁矩转向。当外磁场强度 H 连续不断变化时，磁感应强度 B 呈现不连续跳跃，即磁巴克豪森跳跃，如图 7-1 所示。

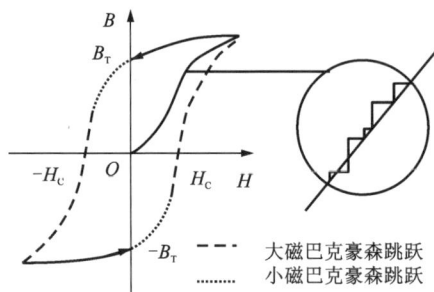

图 7-1　磁巴克豪森跳跃

根据铁磁学理论，当外磁场 $H=0$ 时，材料处于磁中性，畴壁处于平衡状态。以两个相差 180° 的磁畴为例，所加外磁场方向如图 7-2 所示。当右畴缩小，左畴扩大时，畴壁 α 向右移动。位移从 0 至 x_1 为可逆壁移阶段，畴壁移到分界点 x_1 处所需的强度为临界磁场强度，其值为[53]：

$$H_0 = \frac{1}{2\mu_0 M_s \cos\theta} \times \left(\frac{\mathrm{d}E}{\mathrm{d}x}\right)_{\max} \tag{7-1}$$

式中：H_0 为临界磁场强度；μ_0 为磁导率；M_s 为饱和磁化强度；θ 为磁畴矩在易磁化方向受外磁场的作用转过的一个小角度；E 为单位面积的畴壁能；x 为位移，$x=0$ 处为单位面积畴壁能的最低点。

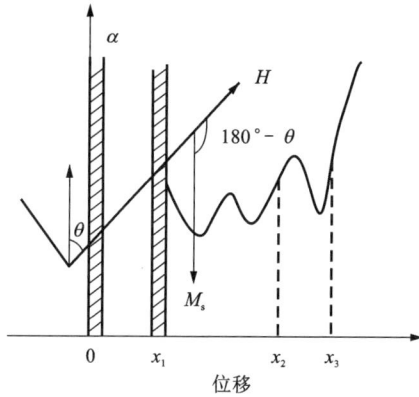

图 7-2　180°可逆壁移磁化

当磁场强度增加至略超过 H_0 时，畴壁从 x_1 跳到 x_2，随着磁场强度的继续增加，畴壁又从 x_2 跳到 x_3，此处 dE/dx 更大。所以随着磁场强度的增加，可能产生几次跳跃式的畴壁移动。一个完整磁化过程中的所有巴氏跳跃聚集到一起形成了 MBN。

材料的磁性结构取决于其微观组织，而畴壁的快速移动对于材料受力、组织结构和位错等因素比较敏感，所以 MBN 信号的特征能反映出铁磁材料的磁畴结构和运动规律，进而反映材料的显微组织及应力状态，从而可用于分析材料的性能、评估热处理效果以及进行无损检测。

研究表明[52]，影响磁巴克豪森信号能量排放的主要因素是磁畴壁的不可逆移动，应力的存在影响磁畴转动和畴壁移动，造成畴壁间距的改变，从而影响磁巴克豪森噪声发射信号的强弱。应力作用下磁畴结构的变化如图 7-3 所示。通过建立应力与 MBN 的对应关系曲线，进行应力与 MBN 的标定，可实现材料应力状态的评估。

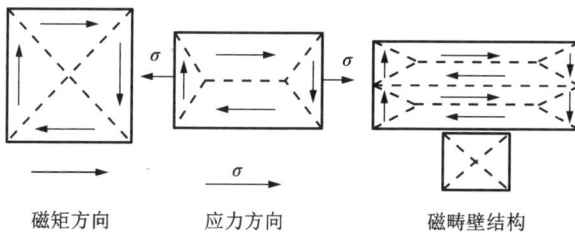

图 7-3　应力作用下磁畴结构变化图

如图 7-4 所示，MBN 检测装置主要包括激励模块、信号探测模块和信号处理模块[54]。

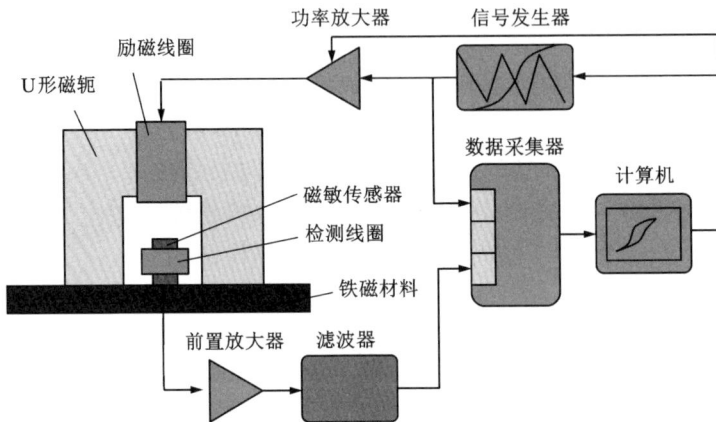

图 7-4　MBN 检测装置原理图

①激励模块主要用于驱动线圈产生交变磁场，激发产生 MBN 信号；该模块包括信号发生器、功率放大器、激励线圈和磁轭等。目前，MBN 信号的激励大多采用 U 形磁轭法，通过该方法能够采集到来自材料表面 2 mm 磁化深度以内的 MBN 信号。

②探测模块用于拾取材料内的 MBN 信号，并将其转化为相应的电信号；该模块主要包括磁敏传感器和检测线圈。

③信号处理模块主要用于处理相应的 MBN 电信号，包括前置放大器、滤波器、数据采集器和计算机等。

7.1.2　磁各向异性

磁各向异性是指多晶材料的磁性能随磁场方向而变化的一种现象，其在某些宏观方向上易于磁化，最容易磁化的方向称为易磁化轴。影响材料磁各向异性的因素主要有晶体结构、加工工艺、微观结构和应力状态。材料的宏观磁各向异性由影响整体磁性能的所有因素共同决定。磁各向异性测试结果，可以间接反映材料的微观结构和应力状态等信息。

7.1.3　MBN 测量磁各向异性原理

MBN 信号是畴壁运动和磁畴旋转的结果，在 MBN 包络曲线上分别对应不同的磁化区段，如图 7-5 所示。不可逆磁畴旋转主要发生在离开磁饱和状态的较高工作磁场值下(磁化区段 1),此时产生的 MBN 跳变相对较小,主要取决于材料的晶体结构。因此,在该区段内得到的磁各向异性结果主要与材料的平均磁晶各向异性密切相关。

不可逆的畴壁运动主要发生在磁化区段 2 和磁化区段 3 内。在矫顽力点周围产生的 MBN 跳变强度较大(磁化区段 2),以 180°畴壁运动为主要特征,与 MBN 包络线的主峰相一致。由于移动 90°畴壁需要更多的能量,因此在主峰之后出现小的 MBN 峰值主要与 90°畴壁运动相关联。一般认为从磁化区段 2 和磁化区段 3 中提取的磁各向异性结果会受到材料加工引起的磁各向异性影响。

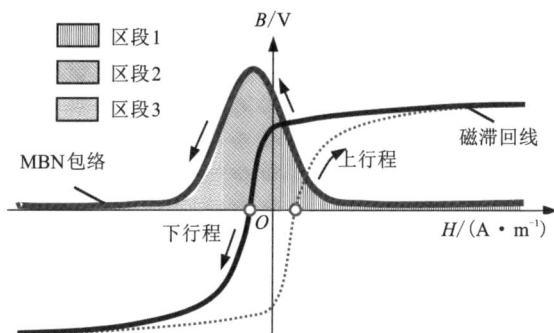

图 7-5　不同磁化区段的 MBN 包络线

磁轭相对被测试件表面的取向决定其施加给被测试件的磁场方向,MBN 信号实际反映了检测线圈附近材料在特定取向的励磁磁场下,其内部磁畴的运动规律。当被测材料是磁各向异性时,则在被测试件表面不同方向测得的 MBN 信号特征值是不同的。将这些特征值绘制成随角度变化的极图形式,可用于分析材料的磁各向异性特征。

由电磁场的集肤效应可知,不同频率的 MBN 信号在材料内部可传播的距离不同,使得 MBN 信号携带了材料不同深度的微观结构以及应力状态等信息,具体表达式为[55]:

$$\delta = \frac{1}{\sqrt{\pi\mu\sigma f}} \tag{7-2}$$

式中:f 为激励频率;σ 为电导率;μ 为磁导率;δ 为 MBN 信号的穿透深度。

激励频率越高,穿透深度越小,材料被磁化的范围也就越小,引起畴壁运动和磁畴转动的数量减小,最终使得 MBN 信号减弱[55]。为了获取较强的 MBN 信号,选择的励磁频率不宜过高($f < 100$ Hz)。

最大工作磁场强度主要由激励线圈的电流、匝数、磁轭的几何形状以及芯材

决定, 其表达式为[55]:

$$H_{\text{amax}} = \frac{Ni}{L} \tag{7-3}$$

式中: H_{amax} 为最大工作磁场强度; N 为线圈匝数; i 为激励电流; L 为有效磁路长度。

7.2 MBN 测量磁各向异性试验

7.2.1 测试装置与试验材料

磁各向异性检测系统如图 7-6 所示。MBN 传感器由顶部绕制约 400 匝励磁线圈的 U 形电磁铁和填充铁氧体磁芯的检测线圈所构成。由上位机控制信号激励板卡产生交变电流信号, 通过功率放大器放大后进入励磁线圈, 在磁轭和样品中形成闭合磁路产生交变磁场, 变化的磁场会引起被测试件中磁畴的不连续运动或转动, 进而产生 MBN 信号。

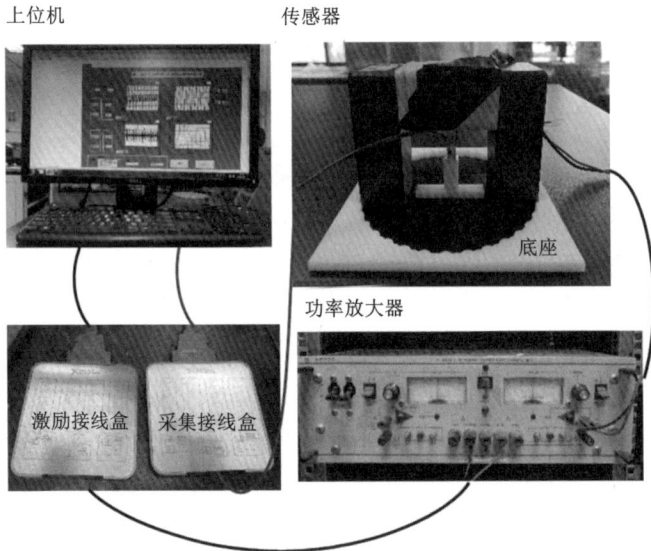

图 7-6 磁各向异性检测系统

系统使用检测线圈接收 MBN 信号, 通过 NI-PXIe-6376 多通道采集卡对接收到的电压信号进行采集, 并最终输入上位机以供后续分析和处理。在分析励磁频率对磁各向异性结果的影响时, 使用的激励频率分别为 1 Hz、10 Hz、20 Hz、

50 Hz 和 100 Hz，电流强度为 1.6 A。在分析励磁电流对磁各向异性结果的影响时，使用的电流强度分别为 0.4 A、0.8 A、1.2 A、1.6 A、2 A 和 2.4 A，频率为 20 Hz。

共测试 4 种不同材质的钢板，即牌号为 30SQG120 的取向硅钢、牌号为 B50A470 的无取向硅钢以及牌号为 X60 和 X70 管线钢，4 块钢板的尺寸（长度×宽度）均为（200 mm×200 mm），高度分别为 0.3 mm、0.5 mm、2 mm、2 mm。

MBN 信号对传感器与被测试件之间的接触条件非常敏感，为保证可重复测量条件，设计了具有等角度（10°）间隔分布的卡槽，通过手动旋转 MBN 检测传感器并放置在对应的卡槽内，完成不同角度方向的 MBN 信号检测。

7.2.2　试验信号处理

7.2.2.1　MBN 包络曲线

设定垂直于钢板轧制方向为参考方向，外加交变磁场 H 与参考方向的夹角为 θ。以 30SQG120 取向硅钢和 X60 管线钢在励磁频率为 50 Hz、励磁电流为 1.6 A 的条件下产生的试验结果为例，说明信号处理及特征参量提取方法。利用四阶巴特沃斯数字滤波器对 MBN 检测线圈输出电压信号进行带通滤波（10~50 kHz）处理，得到图 7-7 所示不同角度的典型 MBN 滤波信号。

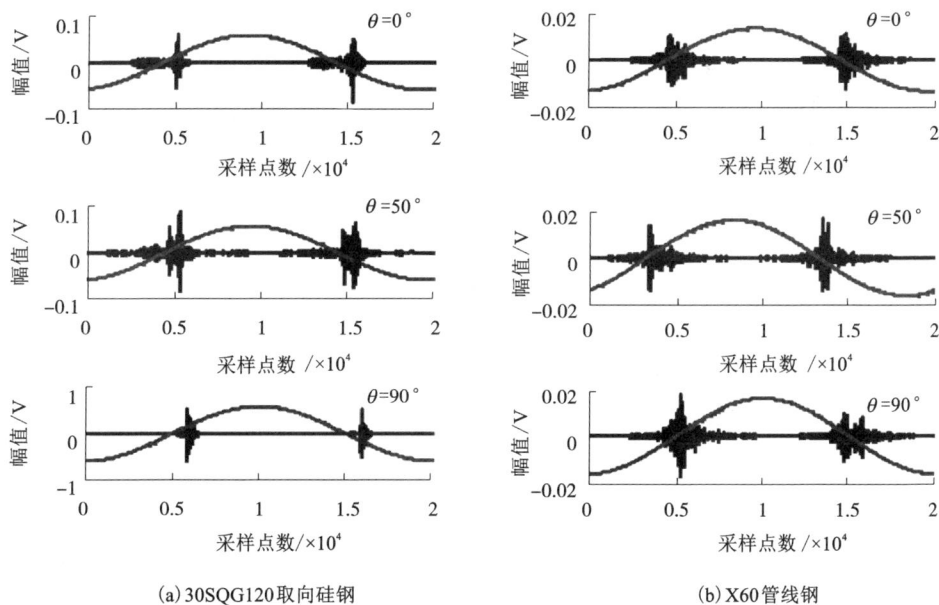

(a) 30SQG120 取向硅钢　　　　　　　　(b) X60 管线钢

图 7-7　不同角度的典型 MBN 滤波信号

采用滑动平均方法对所得 MBN 滤波信号进行处理，计算得到 MBN 包络曲线。图 7-8 为 30SQG120 钢板和 X60 钢板在不同激励频率下所得的 MBN 包络曲线。由图 7-8 可以看出，两种材料的整体 MBN 包络曲线随着励磁频率的增加而增加。这种变化与动态畴壁数量的增加相关联，MBN 信号主要取决于在给定励磁场瞬间畴壁的移动距离以及畴壁移动的数量。因此，励磁频率增加，动态畴壁的数量增加，磁化强度变化率也随之增加，进而引起 MBN 峰的峰值增加。

最大工作磁场强度主要由检测参数决定，而被测试件内部实际的磁场强度 H_T 还与退磁场有关。励磁频率的增加会降低材料内部实际磁场强度 H_T，进而减小磁化范围。这与图 7-8 中随着励磁频率增加，峰值位置向较高磁场强度移动的变化规律一致。

在不同励磁频率下的 MBN 分布将同时受到 H_T 和磁化强度变化率的影响。与硅钢相比，管线钢具有较强的磁化强度和较大的退磁场，使得管线钢中 H_T 随着励磁频率的增加而降低的程度更大。因此在管线钢中，MBN 峰的峰值随激励频率的增加幅值减小。

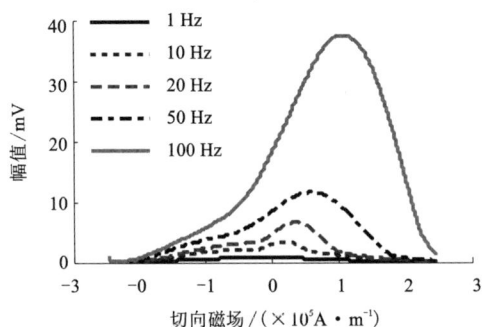

(a) 30SQG120 钢板

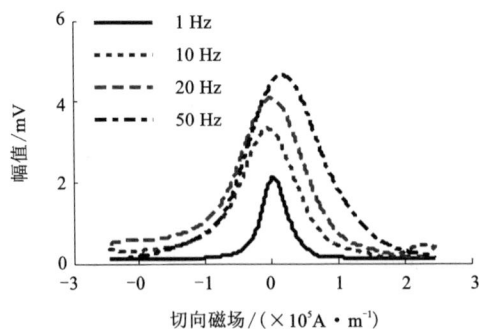

(b) X60 钢板

图 7-8　30SQG120 钢板和 X60 钢板在不同激励频率下的 MBN 包络曲线

图 7-9 为 30SQG120 钢板和 X60 钢板在不同励磁电流下所得的 MBN 包络曲线。对于取向硅钢来说，MBN 的峰值随励磁电流的增加而显著增加。这主要是由于与励磁电流增加相关的工作磁场强度增加，磁化强度变化率随之增加。分析图 7-9(b)所示的管线钢材料可知，管线钢 MBN 峰值高度的变化规律与取向硅钢相似，但变化幅值很小；励磁电流的增加对管线钢的影响有限，只在 MBN 跳变开始阶段能明显看到 MBN 峰值随励磁电流的增加而增加。

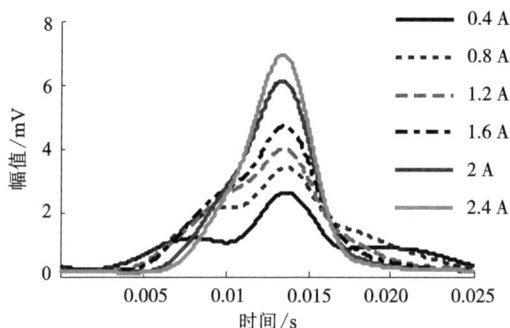

(a) 30SQG120 钢板

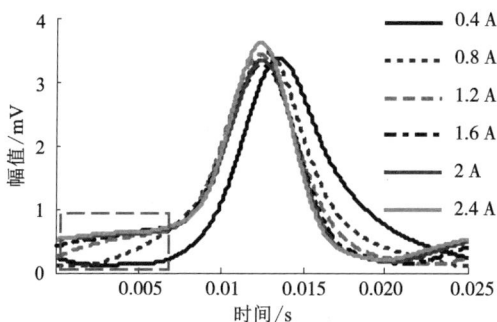

(b) X60 钢板

图 7-9　30SQG120 钢板和 X60 钢板在不同励磁电流下的 MBN 包络曲线

7.2.2.2　特征参量的提取

设定 0.1 mV 为 MBN 信号背景噪声阈值点，确定 MBN 包络线的起点和终点，其对应图 7-10 中的点 A 和点 D。以 75% 包络线峰值与 MBN 包络线的两个交点为界，对磁化区段进行划分，即图 7-10 中标记的 A-B、B-C 和 C-D 分别对应磁化区段 1、区段 2 和区段 3。

从这三个区段提取特征参量，具体包括：A-B 区段和 C-D 区段分别计算 MBN 的均方根值 RMS_1 和 RMS_2；B-C 区段的主峰峰值 M_p。

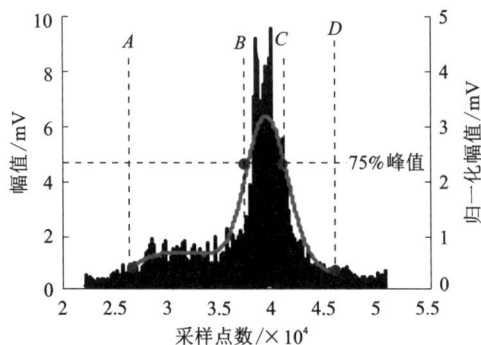

图 7-10   MBN 信号与包络线

下面以传感器 CX-1 在取向硅钢 30SQG120 中的实验结果为例,说明信号处理及特征量量的提取方法。图 7-11(a)为检测线圈输出的原始信号波形,经过频谱分析,选择四阶巴特沃斯带通滤波器(10~50 kHz)处理后得到图 7-11(b)所示的 MBN 信号,并对其进行滑动平均处理。选取滑动窗的大小为 800,对窗内数据进行均方根运算,然后滑动到下一个数据点依序处理,重复上述过程 6 次,得到平滑后的 MBN 包络线。

以 75%包络线峰值与 MBN 包络线的交点对磁化区间进行划分,图 7-11(b)中标记的 A-B 区段和 B-C 区段分别对应磁化区段 1 和区段 2。从这两个区段进行特征量量提取,具体包括:从 B-C 区段提取主峰峰值 M_P 及统计能量值 E_{MBN};从 A-B 区段计算 MBN 的均方根 RMS(Root Mean Square,均方根,简称 RMS)值和 E_{MBN},它们的计算公式分别为[56]:

$$RMS = \sqrt{\sum_i V_i^2 / N}$$

$$E_{MBN} = \sum_{i=1}^{N} \int V_i^2 \mathrm{d}t \tag{7-4}$$

式中:V_i 为电压信号幅值;N 为脉冲电压的个数。

将垂直钢板轧制方向设置为参考方向,改变励磁磁场 H 相对参考方向的角度 θ,步长为 10°。在每个角度 θ 共进行 5 次重复 MBN 检测实验。每次检测时共采集 10 个周期的 MBN 检测信号,去除头尾 2 个周期后对中间 8 个周期的信号进行包络线计算和平均。依照上述特征量量提取方法,从平均后的 MBN 包络线中提取出 M_P、E_{MBN} 和 RMS 值。通过变异系数分析方法,确定每次重复实验时提取特征量量的稳定性,特征量量 M_P 和 RMS 值的最大变异系数分别为 5.46% 和 8.46%,这表明所采用的实验装置可以重复及高精度地对试件进行 MBN 检测。5 次检测得到的特征量均值随角度 θ 的变化曲线,用于分析材料的磁各向异性。

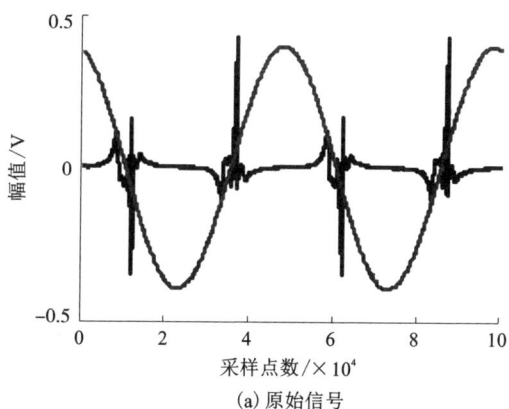

(a) 原始信号

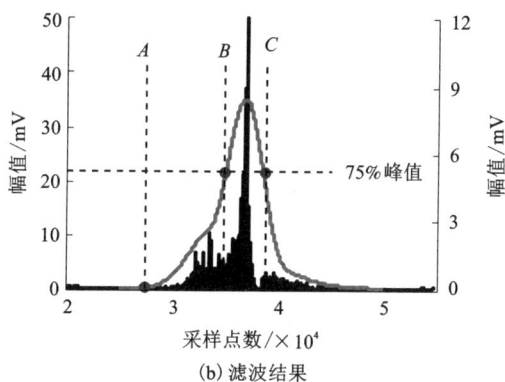

(b) 滤波结果

图 7-11　典型的磁巴克豪森噪声信号

7.2.2.3　磁各向异性拟合模型

利用传感器 CX-1 在 30SQG120 取向硅钢和 X60 管线钢中测得的实验数据为例,分析可以用于准确描述磁各向异性的拟合模型。目前常用的关于 RMS 的经验模型为[56]:

$$RMS = \alpha\cos^2(\theta - \varphi) + \beta \tag{7-5}$$

式中: θ 为磁场 H 相对参考方向的角度; φ 为材料易磁化轴与参考方向的夹角; α、β 均为待定系数,其中 β 代表与角度无关的背景噪声。

对于 X60 管线钢而言,方程的拟合确定系数 $R^2 > 0.9$,表明式(7-5)可以很好地描述 MBN 的 RMS 值的各向异性特征。但该经验模型用于 30SQG120 取向硅钢时并不准确($R^2 < 0.6$),而只能大致反映磁各向异性的主特征。针对其他特征参量的分析结果也表明式(7-5)描述的经验模型在测试的 4 种材料中不具有通用

性。磁各向异性的内在影响机制和因素众多，这里利用三阶傅里叶级数展开式对 MBN 特征参量 MBN_x 的测试数据进行拟合，具体方程为：

$$MBN_x = a_0 + \sum_{n=1}^{3} [a_n\cos(n\omega t) + b_n\sin(n\omega t)] \qquad (7-6)$$

式中：a、b、ω 均为待定系数；t 为励磁磁场 H 相对参考方向的角度。

从图 7-12 可以看出，式(7-6)给出的模型可以很好地描述从两种材料中测得的 RMS 值随磁场方向角的变化规律。为验证模型对不同特征参量的适用性，对 X60 管线钢中不同磁化区段测得的共计 4 项特征参量均进行了分析，拟合结果如图 7-13 所示。单个磁化区段提取的 2 项磁参量随角度的变化规律较为接近，但两个磁化区段得到的磁各向异性特征明显不同。例如，在 90° 和 270° 方向，磁化区段 1 中得到的 E_{MBN} 为极小值，而在磁化区段 2 中得到的 E_{MBN} 为峰值，这表示在两个磁化区段分别测得的易磁化轴近似相互垂直。更重要的是，所有 4 个特征参量随磁场方向角的变化规律均服从式(7-6)的模型。

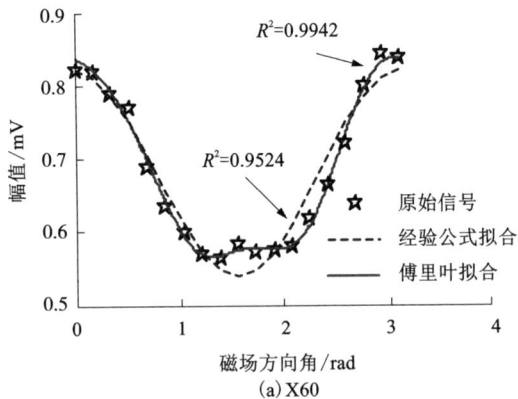

(a) X60

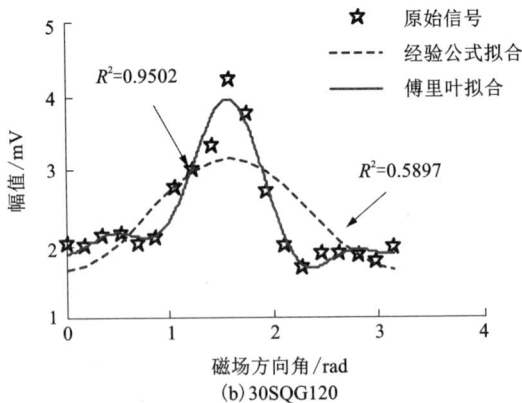

(b) 30SQG120

图 7-12　RMS 值随磁场方向角的变化规律

(a) 磁化区段1

(b) 磁化区段2

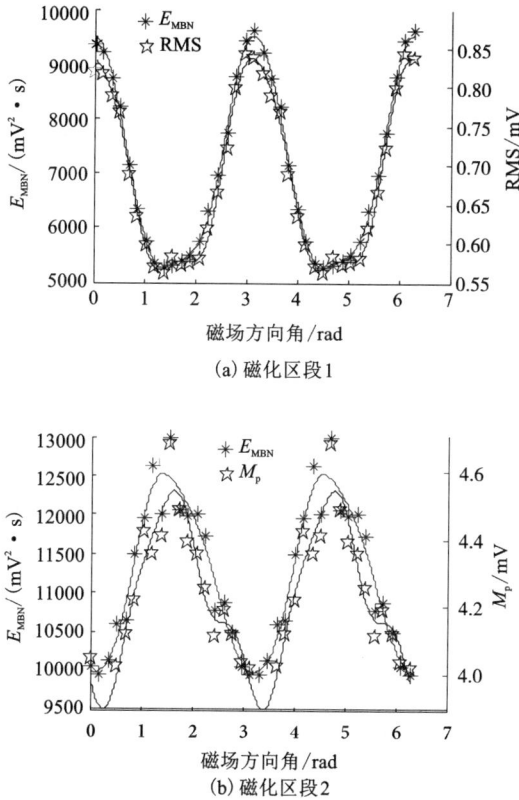

图 7-13 X60 管线钢中不同特征参量的测试结果

表 7-1 给出了 4 种材料中的实验分析结果，统计了基于三阶傅里叶级数展开式的模型对各特征参量的适用性（以方程拟合确定系数为评价指标）。除了磁化区段 2 的特征参量 E_{MBN}，其他 3 个特征参量测试数据的拟合确定系数 $R^2 > 0.78$，绝大部分取值高于 0.9。这验证了式（7-6）用于描述不同材料磁各向异性的有效性。

表 7-1 4 种特征参量拟合优度统计结果

被测试件	位置	磁化区段 1		磁化区段 2	
		RMS	E_{MBN}	M_p	E_{MBN}
30SQG120	0	0.8975	0.8826	0.8202	0.6906
	1	0.9502	0.9141	0.9012	0.8713
	2	0.9285	0.8826	0.9492	0.9623

续表7-1

被测试件	位置	磁化区段 1		磁化区段 2	
		RMS	E_{MBN}	M_P	E_{MBN}
B50A470	0	0.8857	0.9494	0.8910	0.7896
	1	0.9842	0.9876	0.9710	0.9815
	2	0.9392	0.9514	0.9268	0.9450
X60	0	0.9917	0.9967	0.8183	0.7152
	1	0.9942	0.9977	0.9310	0.9390
	2	0.9940	0.9973	0.8527	0.9069
X70	0	0.9668	0.9600	0.7840	0.6478
	1	0.9825	0.9856	0.8085	0.5248
	2	0.9899	0.9902	0.8829	0.6044

由于 X70 管线钢中 3 个不同位置测得的数据均不符合式(7-6)，在磁化区段 2 选择峰值 M_P 作为磁各向异性的表征参量。在磁化区段 1 中，两个特征参量随角度的变化规律均符合式(7-6)。由于 E_{MBN} 无法与磁化区段 2 的参量进行对比，在磁化区段 1 内选择 RMS 作为表征参量。

为便于直观显示磁各向异性，将图 7-13 所示结果绘制成极坐标。对于单一参量而言，将所有方向测得的数据均减去参量测试结果中的最小值，以去除各向同性分量，凸显各向异性特征。为消除参量量纲对图像比对的影响，对差值计算结果再进行归一化处理，得到图 7-14 所示的 M_P 与 RMS 的各向异性结果。

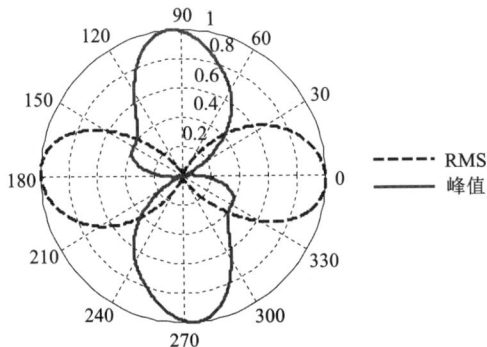

图 7-14　在 X60 测得的磁各向异性

7.2.3　测试参数对磁各向异性的影响

依据前述试验方法，使用两组检测参数，对 4 种材料进行不同方向的 MBN 测试，分析励磁频率、励磁电流以及磁化区段对磁各向异性结果的影响。

7.2.3.1　励磁频率对磁各向异性的影响

以 30SQG120 和 X60 中的测试结果为例，分析励磁频率对磁各向异性结果的影响。为消除参量量纲对图像比对的影响，将所得 MBN 极图进行归一化处理，得到在 30SQG120 钢板和 X60 钢板中测得不同励磁频率下的 RMS_1 各向异性极图(图 7-15)。

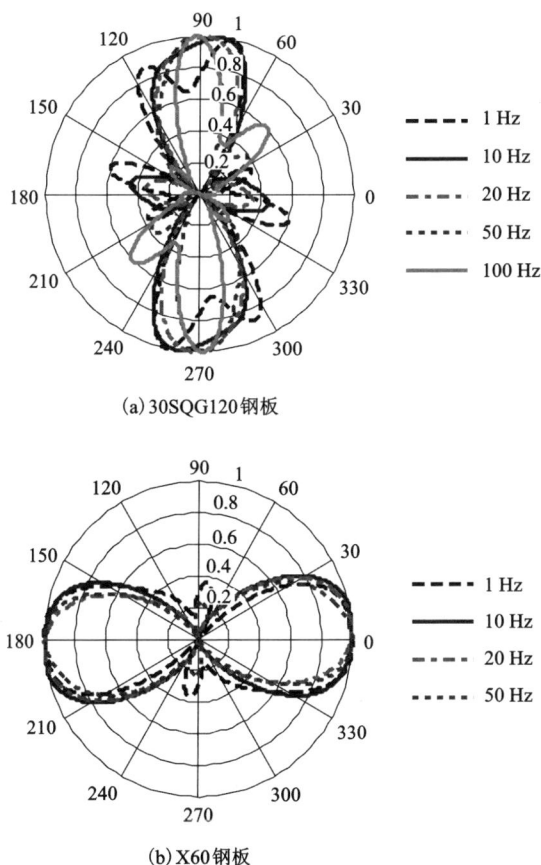

(a) 30SQG120 钢板

(b) X60 钢板

图 7-15　在 30SQG120 钢板和 X60 钢板中测得的不同励磁频率下的 RMS_1 各向异性结果

为了定量描述励磁频率对磁各向异性测试结果的影响，提取极图中的长、短轴与参考方向的夹角 θ_y 和 θ_n 代表易、难磁化轴的方向角，引入无量纲比例系数 k 代表磁各向异性程度，其表达式为：

$$k = \frac{V_{\max} - V_{\min}}{V_{\min}} \tag{7-7}$$

式中：$V_{\max}$ 和 $V_{\min}$ 分别表示磁参量极图中的最大值和最小值。

k 值越大表示磁各向异性越强。不同励磁频率测得的 30SQG120 钢板和 X60 钢板磁各向异性表征参数如表 7-2 所示。

表 7-2　不同励磁频率测得的磁各向异性表征参数

被测试件	励磁频率/Hz	$\theta_y/(°)$	$\theta_n/(°)$	k
30SQG120	1	77.50	44.18	0.22
	10	81.36	142.09	0.39
	20	87.66	143.24	0.45
	50	92.25	156.42	2.07
	100	91.10	163.29	4.60
X60	1	176.31	54.75	0.32
	10	9.12	91.15	0.55
	20	4.54	97.45	0.58
	50	179.01	115.90	0.34

由表 7-2 分析可得，在取向硅钢中，在励磁频率 ≥20 Hz 下确定的易磁化方向基本处于 90° 附近，在励磁频率 <20 Hz 下其易磁化轴位置向右偏移 10°，主要分布在 80° 附近。在 X60 管线钢中，励磁频率增加基本不会改变其易磁化轴位置。2 种材料中的难磁化轴位置随励磁频率不同波动较大。对于表征磁各向异性程度的系数 k 而言，取向硅钢随励磁频率的增加而增幅明显，在 100 Hz 时为最大值，其系数 k 是 1 Hz 时的 21 倍。而在 X60 管线钢中，系数 k 的最大值出现在 20 Hz 处，这与频率过高(50 Hz)，磁畴转动跟不上磁场的变化，出现一些 MBN 信号还没来得及响应就被淹没有关。在磁化区段 1 内提取的 RMS_1 主要反映材料的平均磁晶各向异性。表 7-2 所示结果表明：不同励磁频率下由平均磁晶各向异性决定的难、易磁化轴方向角存在差异，硅钢的磁各向异性程度随励磁频率的增加而逐渐增强，管线钢随励磁频率的增加呈现先增加后减小的变化趋势。

改变励磁频率可以得到不同深度的 MBN 信号。如果材料厚度方向的微观结构不均匀，则取决于晶体结构的平均磁晶各向异性则不完全相同，进而导致材料的磁各向异性指标存在差异。重要的是要认识到，尽管励磁频率增加会增加 MBN 包络线峰值，但并不意味着磁各向异性程度也呈现单调变化的规律。对于硅钢材料来说，在一定范围内励磁频率越大越能反映出材料的磁各向异性程度，但管线钢材料在 20 Hz 时更适用于磁各向异性研究。

7.2.3.2　励磁电流对磁各向异性的影响

以 X60 中的测试结果为例，分析励磁电流对磁各向异性结果的影响；为凸显磁各向异性特征，对差值计算结果不进行归一化处理。图 7-16 为在不同励磁电流下测得的 RMS_1 各向异性结果。由图 7-16 可知，在不同励磁电流下测得的 RMS_1 极图的形状基本相同。表 7-3 为在 X60 钢板中测得不同励磁电流下的磁各向异性指标。

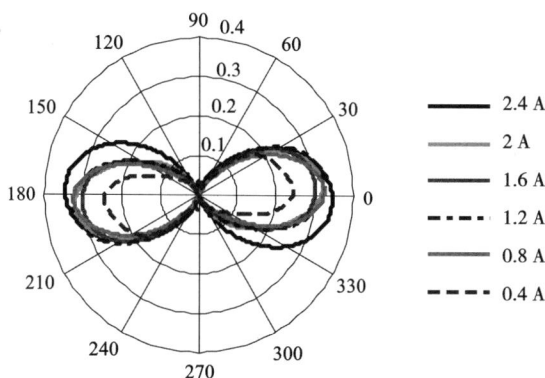

图 7-16　在 X60 钢板中测得的不同励磁电流下 RMS_1 各向异性结果

表 7-3　在 X60 钢板中测得的不同励磁电流下磁各向异性指标

励磁电流/A	$\theta_y/(°)$	$\theta_n/(°)$	k
0.4	2.82	111.20	0.39
0.8	1.67	75.01	0.50
1.2	5.11	90.00	0.57
1.6	179.90	89.91	0.58
2	5.11	103.75	0.64
2.4	177.09	95.73	0.73

结合表 7-3 中的数据可以发现，励磁电流的增加基本不会改变管线钢的易磁化方向，最大偏差角度仅为 8.02°。这与在图 7-9 中得出的励磁电流增加对管线钢 MBN 包络曲线影响有限的结论相吻合。管线钢的 k 值随励磁电流的增加呈现

单调上升趋势。在磁化区段 1 内提取的 RMS_1 与被测区域的平均取向密切相关。尽管励磁电流增加会产生更多的 MBN 信号，但并不会改变被测试件的织构方向。交变磁场增大会提高被测试件的磁各向异性程度，更能反映材料本身的织构现象。

7.2.4 不同磁化区段的磁各向异性

以 20 Hz、1.6 A 为励磁条件，在 30SQG120 和 X60 钢板中依据图 7-10 所示划分磁化区段，得图 7-17 为在三个磁化区段内分别提取 RMS_1、M_P 和 RMS_2 值并进行归一化处理后所得的测试结果。表 7-4 列出了 30SQG120 钢板和 X60 钢板在不同磁化区段内的磁各向异性指标的统计结果。

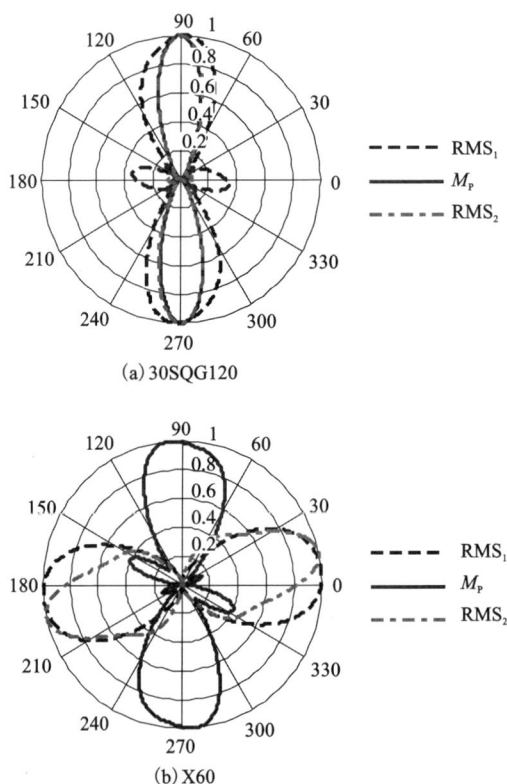

(a) 30SQG120

(b) X60

图 7-17　30SQG120 钢板和 X60 钢板不同磁化区间的各向异性结果

MBN 信号是加工致磁各向异性、磁晶各向异性和应力致磁各向异性共同作用产生的结果。取向硅钢在轧制过程中，晶体会发生严重变形并沿轧制方向伸长，使得织构方向接近于轧制方向；同时在晶粒的变形过程中会产生残余应力，且在轧制方向的残余应力显著高于垂直于轧制方向的残余应力。在三种机制的综合影响下，30SQG120 的易磁化轴与轧制方向平行。一般而言，加工致磁各向异性的权重比较大，主要会影响磁化区段 2 和磁化区段 3 内提取的特征参量。因此特征值 M_P 和 RMS_2 的磁各向异性程度明显高于 RMS_1。

表 7-4　不同磁化区段内的磁各向异性指标

指标	30SQG120			X60		
	RMS_1	M_P	RMS_2	RMS_1	M_P	RMS_2
$\theta_y/(°)$	87.66	90.53	89.95	4.54	95.11	13.13
$\theta_n/(°)$	143.24	162.15	159.28	97.45	1.72	89.34
k	0.45	6.20	6.85	0.58	0.09	0.35

MBN 包络线峰值 M_P 主要与较低磁场下 180° 畴壁运动有关。由于 180° 磁畴大多是沿轧制方向取向，因此 M_P 极图呈现出单轴各向异性，其易磁化轴平行于轧制方向。X60 管线钢中 M_P 的磁各向异性程度明显低于取向硅钢，其系数 k 仅为 0.09。相比而言，利用 RMS_1 极图得到的系数 k 大于 M_P，两者的易磁化轴间存在 90° 偏差。统计的 RMS_2 极图主要反映 90° 畴壁运动引起的 MBN 跳变。通常情况下，90° 磁畴与 180° 磁畴相互垂直，共同组成封闭的磁畴结构，因此 RMS_2 极图中显示的易磁化轴与轧制方向垂直。综合来看，X60 管线钢中，影响材料磁各向异性程度的 MBN 事件主要为反向畴成核和生长以及 90° 畴壁运动。

7.3　无应力状态下的磁晶各向异性能

反向畴的成核机制如图 7-18 所示。如果在晶界两边成核的反向畴产生符号不同的磁极分布时，会消耗在磁极表面相关联的磁能。只有当减少的能量大于形成畴所需的能量时，晶界或层状析出物才会充当反向磁化畴的成核中心。

假定晶界与层状析出物都是光滑平面。为了确定在自由磁极密度 ω^* 的光滑表面处产生反向畴的临界磁场强度 H_n，需要对成核模型作一些简化假设[57]：

①假定工作磁场 H 很小，并且各向异性常数 K_1 值很大使得任何畴中的磁化均沿易磁化轴方向。

②假定晶界距离很远，自由磁极之间的静磁相互作用可以忽略不计。

③在晶界面积为 D^2 的平面上只有一个反磁化核产生。

④角度 θ_1 和 θ_2 很小，晶界两边的反向畴可以被认为是具有公共底面积的两个全等圆锥体，近似为旋转椭球体。

(5)反向畴被认为是半长轴 l 和半短轴 r 的旋转椭球体，使得 $\lambda = r/l \ll 1$。

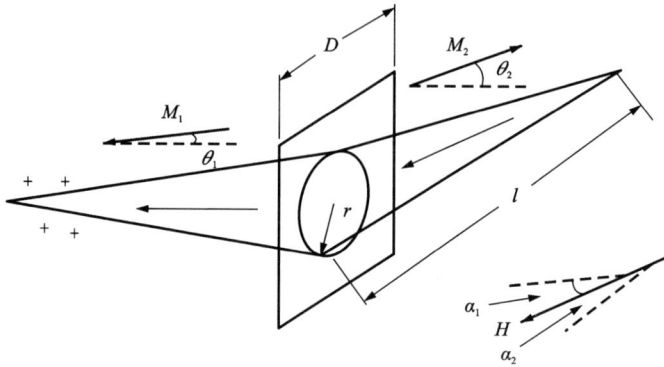

图 7-18　晶界上反向畴的核化模型

M_1、M_2 为相邻晶粒的磁化矢量；θ_1、θ_2 为相邻晶粒的磁化矢量和晶界法线所形成的角度；D 为晶界的边长；l、r 为反向畴的半长轴和半短轴；H 为工作磁场；α_1、α_2 为工作磁场和相邻晶粒的磁化矢量所形成的角度。

7.3.1　临界磁场强度

如图 7-5 所示，在磁滞回线的饱和点到剩磁阶段中（磁化区段 1），低强度的 MBN 信号与反向畴的成核和生长有关。根据热力学平衡原理，反向畴成核的临界磁场强度 H_n 由成核状态前后消失的吉布斯自由能决定，其表达式为：

$$\Delta F = \Delta E - T \Delta S \tag{7-8}$$

式中：F 为吉布斯自由能；E 为能量；T 为温度；S 为熵。

在接近居里温度时，式(7-8)中熵项的重要性会逐步增加，但在普通的室温下，这一项可以忽略不计。最终临界磁场强度 H_n 由晶体内部的能量变化来确定。

反向畴可被看作旋转椭球体，其体积为：

$$V = \frac{4}{3}\pi r^2 l \tag{7-9}$$

式中：r 为短半轴；l 为长半轴。

该旋转椭球体的长、短半轴关系为 $r \ll l$，则反向畴表面积 A_w 为：

$$A_w = \pi^2 r l \tag{7-10}$$

反向畴长轴方向退磁因子 N_l 为：

$$N_l = \frac{1}{k^2-1}\left[\frac{k}{\sqrt{k^2-1}}\ln\left(k+\sqrt{k^2-1}\right)-1\right] \tag{7-11}$$

式中：k 为椭球体长半轴与短半轴之比，$k = \dfrac{l}{r} = \dfrac{1}{\lambda}$。

当 $k \gg 1$ 时，退磁因子可简化为：

$$N_l = \frac{1}{k^2}(\ln 2k - 1) = \lambda^2\left(\ln\frac{2}{\lambda} - 1\right) \tag{7-12}$$

晶粒间的取向差分布，使得在晶界处出现自由磁极，第 i 条晶界处自由磁极密度 ω_i^* 为：

$$\omega_i^* = J_s(\cos\theta_{i1} - \cos\theta_{i2}) = M_s\mu_0(\cos\theta_{i1} - \cos\theta_{i2}) \tag{7-13}$$

式中：J_s 为饱和磁极化强度；M_s 为单晶体内饱和磁化强度；μ_0 为真空磁导率；θ_1、θ_2 为晶界两侧晶粒的磁化矢量 $\boldsymbol{M}_s$ 和晶界法线所形成的角度。

若 θ_1 取值范围为 $-\dfrac{\pi}{2} < \theta_1 < \dfrac{\pi}{2}$，遵循热力学平衡过程向能量最小方向移动的准则，$\theta_2$ 的取值范围也必须为 $-\dfrac{\pi}{2} < \theta_2 < \dfrac{\pi}{2}$。当无应力状态下的铁磁性材料处于磁各向同性时，各晶粒的晶体取向随机分布，根据连续函数求平均值的思想，可计算出晶界两侧各种晶粒取向组合形成的 ω^2 的平均值[58]。

$$\overline{\omega^2} = \mu_0^2 M_s^2\int_0^{\frac{\pi}{2}}\int_0^{\frac{\pi}{2}}(\cos\theta_1 - \cos\theta_1)^2\sin\theta_1\sin\theta_2\mathrm{d}\theta_1\mathrm{d}\theta_2 = \frac{\mu_0^2 M_s^2}{6} \tag{7-14}$$

但在实际工程应用中，受冷、热加工工艺影响，铁磁性材料内部的晶体结构往往会呈现织构现象，表现出宏观磁各向异性，因此在不同角度的交变磁场 H 下 $\overline{\omega^2}$ 的取值是不同的。

由于晶界上出现自由磁极，在晶界面上会形成退磁场，反向畴成核前晶界面上的表面退磁能密度 σ_0 为：

$$\sigma_0 = \frac{1}{3}\pi d_g\mu_0\omega^{*2} \tag{7-15}$$

式中：d_g 为平均晶粒尺寸。

为了降低晶界面上的退磁场能，产生了反磁化核，进而生长为反向畴，反磁化核形成后的表面能密度为 σ_n，且 $\sigma_n \ll \sigma_0$，因此可忽略不计。

如图 7-19 所示材料饱和后的磁矩方向沿 x 轴方向，晶界上形成反向畴后其磁矩旋转 180° 转至 $-x$ 轴方向，反向畴成核后磁化强度 M_s 从 $\alpha = 0°$ 转到 $\alpha = 180°$ 所作的功等于反向畴的退磁场能 F_d。转动过程所作的功又可以通过反向畴内的磁化强度 M_s 所受的转动力矩来计算。此时的磁场主要来源于两个部分：一是反向畴外磁矩作用于畴内产生的退磁场；二是反向畴本身产生的退磁场[57]。

$$\begin{cases} H_x = N_x M_s - N_x M_s\cos\alpha \\ H_y = -N_y M_s\sin\alpha \end{cases} \tag{7-16}$$

式中：N_x、N_y 为反向畴沿 x 轴和 y 轴的退磁因子；α 为反向畴内磁矩方向与畴外磁矩方向的夹角；N_x、N_y 为反向畴沿 x 轴和 y 轴的退磁场。

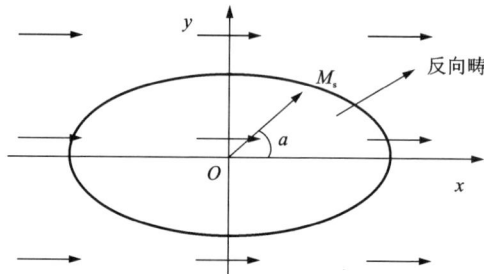

图 7-19　反磁化核生长图解

反向畴内的磁化强度 M_s 所受的转动力矩 $\boldsymbol{T}$ 为：

$$\boldsymbol{T} = \mu_0(H_x M_y + H_y M_x)$$
$$= \mu_0 N_x M_s^2 \sin\alpha - \mu_0 N_x M_s^2 \sin\alpha\cos\alpha - \mu_0 N_y M_s^2 \sin\alpha\cos\alpha \tag{7-17}$$

又转动力矩所作的功等于力矩与角位移的乘积，因此单位体积反向畴内的退磁场能为：

$$F_d = \int_0^\pi T \mathrm{d}\alpha = 2\mu_0 N_x M_s^2 \tag{7-18}$$

反磁化核长大形成反向畴的过程中，必然会引起反向畴体积增大，畴壁面积也会增加。以立方晶体中 180°畴壁为研究对象，可得到增加反向畴产生的畴壁能量

$$E_w = \gamma_\omega A_w \tag{7-19}$$

式中：γ_ω 为 180°畴壁能密度。

立方晶体中 180°畴壁能密度 γ_ω 为[59]：

$$\gamma_\omega = 2\sqrt{A_1 K_1} \tag{7-20}$$

式中：A_1 为交换劲度常数，$A_1 = \dfrac{AS^2}{a}$，其与交换积分系数 A 有关；a 为最近邻原子之间的距离；A 为交换积分系数；S 为原子的自旋角动量；K_1 为磁晶各向异性常数，其符号变化与晶体易磁化方向密切相关；对于铁单晶来说，[100]、[010] 和 [001] 均为易磁化轴，其中 $K_1 = 4.8 \times 10^4 \ \mathrm{J/m^3}$。

在图 7-18 中，单位体积反向畴形成过程中的外磁场能为：

$$F_H = -\mu_0 M_s H(\cos\alpha_1 + \cos\alpha_2) \tag{7-21}$$

式中：α_1、α_2 为外加磁场 H 与晶界两侧晶粒的易磁化轴方向的夹角，这两个角度都很小，外磁场能可进一步简化为：

$$F_H = -2\mu_0 M_s H \tag{7-22}$$

布洛赫壁上磁极与晶界面上磁极的相互作用能为 E_p，相邻布洛赫壁上磁极的相互作用能为 E_{np}。假定自由磁极之间的距离很远，则它们之间的静磁能也可以忽略不计。

最终，生成体积为 V 的反向畴引起的晶体内部能量的变化为：

$$\Delta E = -\sigma_0 A_s + n(\gamma_\omega A_w - 2H_{nu}J_s V - 2N_1 J_s^2 V/\mu_0) \tag{7-23}$$

式中：n 为在光滑平面区域 A_s 上产生的反向磁化畴的数量，$n = \dfrac{A_s}{D^2} = \dfrac{A_s}{b^2 r^2}$，其中 $b = \sqrt{\dfrac{3\pi}{40\lambda}}$ 是一个常数。

用 $\Delta E = 0$ 求解反磁化核的临界磁场强度 H_n，得到：

$$H_n = \frac{6\pi\sqrt{AK_1} - \mu_0 d_g \omega^{*2} b^2 \lambda}{8J_s r} - M_s \lambda^2 \left(\ln\frac{2}{\lambda} - 1\right) \tag{7-24}$$

由 $\dfrac{\partial(\Delta E)}{\partial r} = 0$ 求解的平衡条件是反磁化核长大过程中可逆和不可逆过程的分界点，即反向畴成核的数目 n。

$H_n > 0$，反磁化核形成的能量比没有反核时晶粒边界面上的退磁场能大，因此如果无外磁场驱动，则不会生成反磁化核。

$H_n < 0$，晶界面上的退磁场能很大，因此必须生成反磁化核以降低能量，所以此时材料内部易形成反磁化核。

7.3.2 阈值磁场强度

在外加磁场 $H = H_n$ 时，反向畴成核，随着磁场的继续增加，这些成核的反向畴可以在晶粒内继续生长，在成核表面为晶界或层状析出物时的阈值磁场强度 H_g 为[60]：

$$H_g = \begin{cases} \dfrac{M_s}{24}\omega^{*2}, & p = 0 \\[3mm] P_0\dfrac{0.1M_s}{4\pi}\omega^{*2}, & p \neq 0 \end{cases} \tag{7-25}$$

式中：P_0 为珠光体的体积分数，当 $P_0 = 0$ 时，成核表面是晶界；而当 $P_0 \neq 0$ 时，成核表面是层状析出物；p 为珠光体含量。

铁磁性材料的碳元素是构成钉扎效应的主要因素，因此 MBN 信号与材料内部的碳含量密切相关，通常可以使用珠光体体积分数来表示碳含量。通过自定义的方式可以确定珠光体含量 p 表达式为：

$$p = f(x) = \begin{cases} 0, & x \leqslant P_0 \\ 1, & x > P_0 \end{cases} \qquad (7\text{-}26)$$

式中：x 为正态分布后的 $[0, 1]$ 区间内随机选择的一个数。

这个表达式意味着材料内碳含量越高，其内部的珠光体体积分数越大，晶界两边是铁素体和珠光体的可能性也就越大，反之则为铁素体和铁素体的界面。因此在晶界处形成的自由磁极密度 ω^* 不仅与晶界两边的晶粒取向差有关，还与碳含量密切相关。同时考虑到不同角度的交变磁场 H 下 ω^* 的取值存在差异，可以获得包含碳含量以及磁场角度的平均自由磁极密度一般表达式为[59, 60]：

$$\overline{\omega}(\eta \mid H_\eta, p) = \begin{cases} \dfrac{1}{N_{GB}} \displaystyle\sum_{i=1}^{N_{GB}} \mid \omega_i^* (\eta \mid H_\eta, g_{GB}, \theta_1, \theta_2) \mid, & p = 0 \\ \dfrac{1}{N_{GB}} \displaystyle\sum_{i=1}^{N_{GB}} \left| \omega_i^* (\eta \mid H_\eta, g_{GB}, \theta_1) - p\dfrac{M_{s(Fe_3C)}}{M_s} \right|, & p \neq 0 \end{cases}$$

$$(7\text{-}27)$$

式中：H_η 为外加磁场与参考方向（轧制方向）的夹角为 η 时的磁场值；g_{GB} 为任一晶界取向；N_{GB} 为晶界数量；$M_{s(Fe_3C)}$ 为渗碳体相的饱和磁化强度，其值为 10^6 A/m。

磁场持续增加，新的反向畴甚至可以横穿晶粒继续长大，根据式（7-25）和（7-27）可以获得考虑碳含量的阈值磁场强度 H_g 为：

$$H_g = \begin{cases} \dfrac{M_s}{24} \overline{\omega}(\eta \mid H_\eta, p)^2, & p = 0 \\ P_0 \dfrac{0.1 M_s}{4\pi} \overline{\omega}(\eta \mid H_\eta, p)^2, & p \neq 0 \end{cases} \qquad (7\text{-}28)$$

7.3.3 磁晶各向异性能模型

当铁磁性材料是磁各向异性时，在不同方向测得的 MBN 信号是不同的。设定材料轧制方向为参考方向，外加磁场 H 相对于参考方向的夹角为 η，因此改变工作磁场的大小和方向，材料内的磁化强度方向 φ 是不同的，如图 7-20 所示。此时，系统内总的磁能为：

$$E(\eta, \varphi) = K_1 \sin^2\varphi \cos^2\varphi - \mu_0 M_s H \cos(\varphi - \eta) \qquad (7\text{-}29)$$

式中：φ 为最接近易磁化轴方向的磁化强度的角度位置；K_1 为磁晶各向异性常数。

根据热力学平衡原理，通过最小化晶界两侧的总磁能来确定 φ。对于每个角位置 η 和给定的 H 值，都可获得一个相应的 φ 值，其稳定状态条件为：

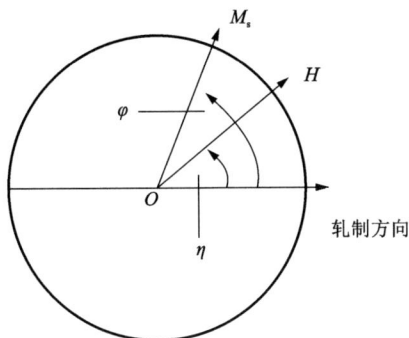

图 7-20　外磁场下的磁化方向示意图

$$\begin{cases} \dfrac{\mathrm{d}E(\eta,\ \varphi)}{\mathrm{d}\varphi}=0 \\[3mm] \dfrac{\mathrm{d}^2E(\eta,\ \varphi)}{\mathrm{d}(\varphi)^2}>0 \end{cases} \tag{7-30}$$

通过对上式进行求解，可得：

$$\begin{cases} \dfrac{\mathrm{d}E(\eta,\ \varphi)}{\mathrm{d}\varphi}=K_1\sin2\varphi\cos2\varphi+\mu_0M_sH\sin(\varphi-\eta)=0 \\[3mm] \dfrac{\mathrm{d}^2E(\eta,\ \varphi)}{\mathrm{d}(\varphi)^2}=2K_1\cos4\varphi+\mu_0M_sH\cos(\varphi-\eta)>0 \end{cases} \tag{7-31}$$

设定 $H=5\times10^4(\mathrm{A/m})$，$K_1=4.8\times10^4(\mathrm{J/m^3})$，$M_s=1.71\times10^6(\mathrm{A/m})$。以 5°为步长，改变工作磁场 η 的角度，对式(7-31)进行求解，最终得到每个角位置 η 相对应的磁化强度方向 φ，结果如图 7-21 所示。

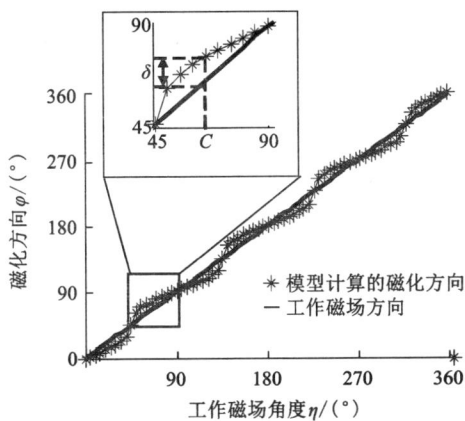

C—工作磁场中的任一角度；δ—磁化方向计算角度与工作磁场角度的差值。

图 7-21　在不同角度工作磁场下的磁化方向

　　铁磁性材料的内部晶体排列称为晶格，晶格结构会产生磁晶各向异性能。对于体心立方结构的铁基材料，平行于三个晶轴的方向为易磁化轴方向，晶轴又存在正反两个方向，所以共有 6 个易磁化方向，沿易磁化轴方向旋转的磁矩所需要的能量最小。设空间有直角参考坐标系 $O\text{-}XYZ$，立方晶体坐标系 $O'\text{-}x'\,y'\,z'$（三个坐标轴分别命名为 [100]、[010] 和 [001]）。通常把晶体坐标系与直角参考坐标系重合的排布方式称为初始取向，如图 7-22(a) 所示。但在实际情况下材料内每个晶粒的晶体坐标系都不相同，一般来说，把具有初始取向的坐标系转到与一实际晶体坐标系重合时所转动的角度来表达该实际晶体的取向，如图 7-22(b) 所示。

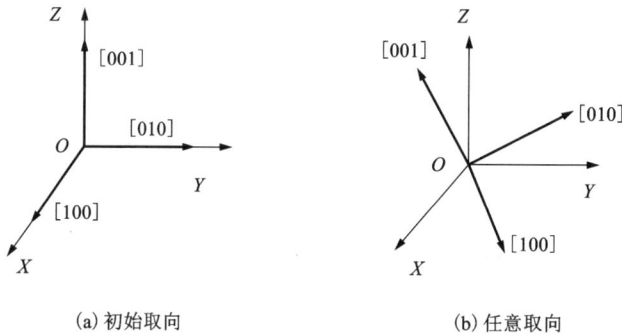

(a) 初始取向　　　　　　　　　　　(b) 任意取向

图 7-22　晶体取向

　　因此晶体取向即指晶体的 3 个晶轴（如 [100]、[010]、[001]）在给定参考坐标系（如轧制钢板中的轧制方向 RD、横向方向 TD 以及法向方向 ND）内的相对方位，需要三个自由度来表示。在描述晶体取向时可以使用某一晶面 {hkl} 的法线、晶面上的某一晶向 [uvw] 以及在晶面上与 [uvw] 垂直的另一方向 [rst] 这 3 个互相垂直的方向在参考坐标系上的取向来描述，可以用矩阵 $\boldsymbol{g}$ 来表示[61, 62]。

$$\boldsymbol{g} = \begin{bmatrix} g_{11} & g_{12} & g_{13} \\ g_{21} & g_{22} & g_{23} \\ g_{31} & g_{32} & g_{33} \end{bmatrix} = \begin{bmatrix} u & r & h \\ v & s & k \\ w & t & l \end{bmatrix} \tag{7-32}$$

　　借助坐标变换思想，也可以根据晶面晶向指数反推欧拉角来表示晶体取向。从参考坐标系出发，将在初始取向的晶体坐标系按 $\varphi_1(0 \leqslant \varphi_1 \leqslant 2\pi)$，$\phi(0 \leqslant \varphi \leqslant \pi)$ 和 $\varphi_2(0 \leqslant \varphi_2 \leqslant 2\pi)$ 的顺序转到，即可得到空间任一晶体取向 $(\varphi_1, \phi, \varphi_2)$。具体过程如图 7-23 所示，将轧制钢板中某一晶体坐标系绕其法线方向（晶体的 [001] 方向）转动 φ_1 角度，再绕转动后的 [100] 轴旋转 ϕ 角度，最后再绕两次转动后的 [001] 方向转动 φ_2 角，即可实现任意晶体取向，这三个独立的转角被称为欧拉角。经欧拉角转动后的晶体取向 g 可以表示为：

$$g = \begin{bmatrix} \cos\varphi_2 & \sin\varphi_2 & 0 \\ -\sin\varphi_2 & \cos\varphi_2 & 0 \\ 0 & 0 & 1 \end{bmatrix} \begin{bmatrix} 1 & 0 & 0 \\ 0 & \cos\phi & \sin\phi \\ 0 & -\sin\phi & \cos\phi \end{bmatrix} \begin{bmatrix} \cos\varphi_1 & \sin\varphi_1 & 0 \\ -\sin\varphi_1 & \cos\varphi_1 & 0 \\ 0 & 0 & 1 \end{bmatrix}$$

$$= \begin{bmatrix} \cos\varphi_1\cos\varphi_2 - \sin\varphi_1\cos\phi\sin\varphi_2 & \sin\varphi_1\cos\varphi_2 + \cos\varphi_1\cos\phi\sin\varphi_2 & \sin\phi\sin\varphi_2 \\ -\cos\varphi_1\sin\varphi_2 - \sin\varphi_1\cos\phi\cos\varphi_2 & -\sin\varphi_1\sin\varphi_2 + \cos\varphi_1\cos\phi\cos\varphi_2 & \cos\varphi_2\sin\phi \\ \sin\varphi_1\sin\phi & -\cos\varphi_1\sin\phi & \cos\phi \end{bmatrix}$$

$$(7-33)$$

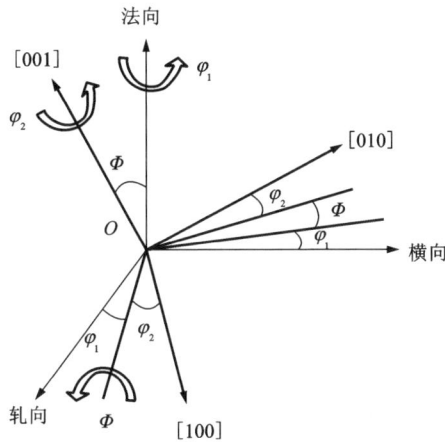

图 7-23　晶体取向的欧拉转动示意图

多晶材料内部一般晶体取向分布如图 7-24 所示。当材料内部许多晶粒取向集中分布在某一或某些取向位置附近时称为织构。例如具有高斯织构的取向硅钢中晶粒取向多以轧制方向排列。铁磁性材料在实际生产加工过程中经过各种冷、热加工工艺，材料内晶体结构大多会呈现不同程度的织构现象，进而引起材料组

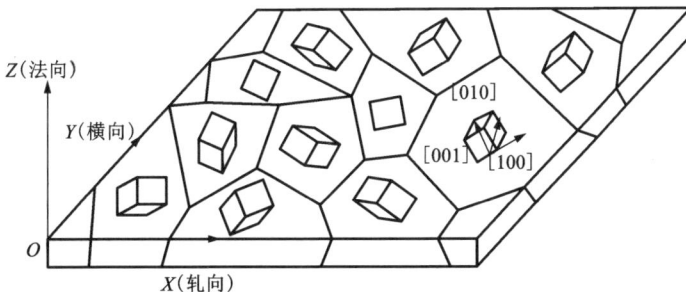

图 7-24　多晶材料内部一般晶体取向示意图

织和性能的各向异性。根据图 7-21 显示在宏观参考坐标系中不同角度工作磁场下的磁化方向，通过坐标变换方法，可将其与晶体的织构方向、密度分布等微观参数联系起来。

取任意晶体取向 $g_1 = (\varphi_1, \phi, \varphi_2) = (0°, 0°, 45°)$ 为例，设磁化矢量 $\boldsymbol{M}_s$ 在参考坐标系和晶体坐标系中的分量依次是 x, y, z 和 x', y', z'，则矩阵 g_1 为：

$$g_1 = \begin{bmatrix} \cos\varphi_2 & \sin\varphi_2 & 0 \\ -\sin\varphi_2 & \cos\varphi_2 & 0 \\ 0 & 0 & 1 \end{bmatrix} \begin{bmatrix} 1 & 0 & 0 \\ 0 & \cos\phi & \sin\phi \\ 0 & -\sin\phi & \cos\phi \end{bmatrix} \begin{bmatrix} \cos\varphi_1 & \sin\varphi_1 & 0 \\ -\sin\varphi_1 & \cos\varphi_1 & 0 \\ 0 & 0 & 1 \end{bmatrix}$$

$$= \begin{bmatrix} \cos\varphi_2 & \sin\varphi_2 & 0 \\ -\sin\varphi_2 & \cos\varphi_2 & 0 \\ 0 & 0 & 1 \end{bmatrix} \begin{bmatrix} 1 & 0 & 0 \\ 0 & 1 & 0 \\ 0 & 0 & 1 \end{bmatrix} \begin{bmatrix} 1 & 0 & 0 \\ 0 & 1 & 0 \\ 0 & 0 & 1 \end{bmatrix} = \begin{bmatrix} \cos\varphi_2 & \sin\varphi_2 & 0 \\ -\sin\varphi_2 & \cos\varphi_2 & 0 \\ 0 & 0 & 1 \end{bmatrix}$$

$$(7-34)$$

经过坐标变换，即可得到磁化矢量在晶体坐标系中的分量为：

$$\begin{cases} x' = x\cos\varphi_2 + y\sin\varphi_2 \\ y' = -x\sin\varphi_2 + y\cos\varphi_2 \\ z' = z \end{cases} \quad (7-35)$$

依据式(7-31)得到的宏观磁化方向，在任意给定的 η 角位置，都可获得磁化矢量 $\boldsymbol{M}_s$ 在参考坐标系中的分量为：

$$\begin{cases} x = |\boldsymbol{M}_s|\cos\varphi \\ y = |\boldsymbol{M}_s|\sin\varphi \\ z = 0 \end{cases} \quad (7-36)$$

将式(7-36)代入式(7-35)中，确定出磁化矢量在晶体坐标系中的分量为：

$$\begin{cases} x' = |\boldsymbol{M}_s|\cos\varphi_2\cos\varphi + |\boldsymbol{M}_s|\sin\varphi_2\sin\varphi = |\boldsymbol{M}_s|\cos(\varphi_2-\varphi) \\ y' = -|\boldsymbol{M}_s|\sin\varphi_2\cos\varphi + |\boldsymbol{M}_s|\cos\varphi_2\sin\varphi = -|\boldsymbol{M}_s|\sin(\varphi_2-\varphi) \\ z' = 0 \end{cases} \quad (7-37)$$

单晶体的磁晶各向异性能为[63]：

$$F_k = K_0 + K_1(\alpha_1^2\alpha_2^2 + \alpha_2^2\alpha_3^2 + \alpha_1^2\alpha_3^2) + K_2\alpha_1^2\alpha_2^2\alpha_3^2 \quad (7-38)$$

式中：K_1、K_2 为均为磁晶各向异性常数；K_0 为与角度无关的常数，代表各向同性分量；α_1、α_2 和 α_3 分别为 $\boldsymbol{M}_s$ 对三个晶轴的方向余弦。

根据式(7-38)可知：

$$\begin{cases} \alpha_1 = \cos(\varphi_2-\varphi) \\ \alpha_2 = -\sin(\varphi_2-\varphi) \\ \alpha_3 = 0 \end{cases} \quad (7-39)$$

最终得到欧拉角为 $g_1 = (0°, 0°, 45°)$ 的立方晶体磁晶各向异性能(magnetocrystalline energy, MCE)表达式为:

$$F_{k1} = K_0 + K_1 \left[\cos^2(\varphi_2 - \varphi) \sin^2(\varphi - \varphi_2) \right] \tag{7-40}$$

借助 Matlab 软件, 得到各角度位置 η 处的 MCE 如图 3-8 所示。

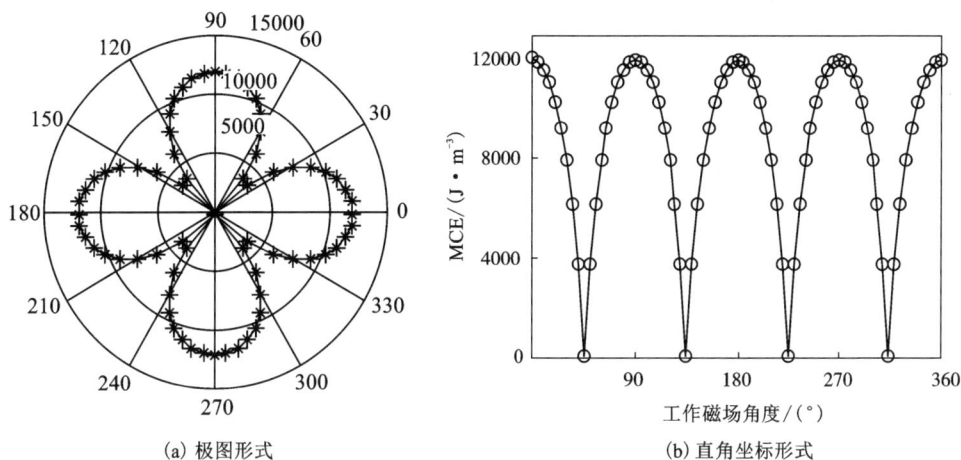

(a) 极图形式　　　　　　　(b) 直角坐标形式

图 7-25　建模模拟的 MCE(g_1)

为了验证模型的适用性, 再以另一晶体取向 $g_2 = (\varphi_1, \phi, \varphi_2) = (0°, 45°, 0°)$ 为例, 得到两个坐标系转换矩阵 $\boldsymbol{g}_2$ 为:

$$\boldsymbol{g}_2 = \begin{bmatrix} \cos\varphi_2 & \sin\varphi_2 & 0 \\ -\sin\varphi_2 & \cos\varphi_2 & 0 \\ 0 & 0 & 1 \end{bmatrix} \begin{bmatrix} 1 & 0 & 0 \\ 0 & \cos\phi & \sin\phi \\ 0 & -\sin\phi & \cos\phi \end{bmatrix} \begin{bmatrix} \cos\varphi_1 & \sin\varphi_1 & 0 \\ -\sin\varphi_1 & \cos\varphi_1 & 0 \\ 0 & 0 & 1 \end{bmatrix}$$
$$= \begin{bmatrix} 1 & 0 & 0 \\ 0 & \cos\phi & \sin\phi \\ 0 & -\sin\phi & \cos\phi \end{bmatrix} \tag{7-41}$$

由此确定磁化方向在晶体坐标系中的分量为:

$$\begin{cases} x' = |\boldsymbol{M}_s| \cos\varphi \\ y' = |\boldsymbol{M}_s| \cos\phi \sin\varphi \\ z' = -|\boldsymbol{M}_s| \sin\phi \sin\varphi \end{cases} \tag{7-42}$$

最终获得欧拉角为 $g_2 = (0°, 45°, 0°)$ 的立方晶体磁晶各向异性能表达式(7-43), 其结果如图 7-26 所示。

$$F_{k2} = K_0 + K_1 \left[\cos^2\varphi \sin^2\varphi + \cos^2\phi \sin^2\phi \sin^4\varphi \right] \tag{7-43}$$

即使在如取向硅钢等强织构材料中, 也并不只存在一种晶体取向。假设材料内部 60% 晶体取向是 g_1，40% 晶体取向是 g_2，借助坐标变换可确定材料内的 MCE，其结果如图 7-27 所示。

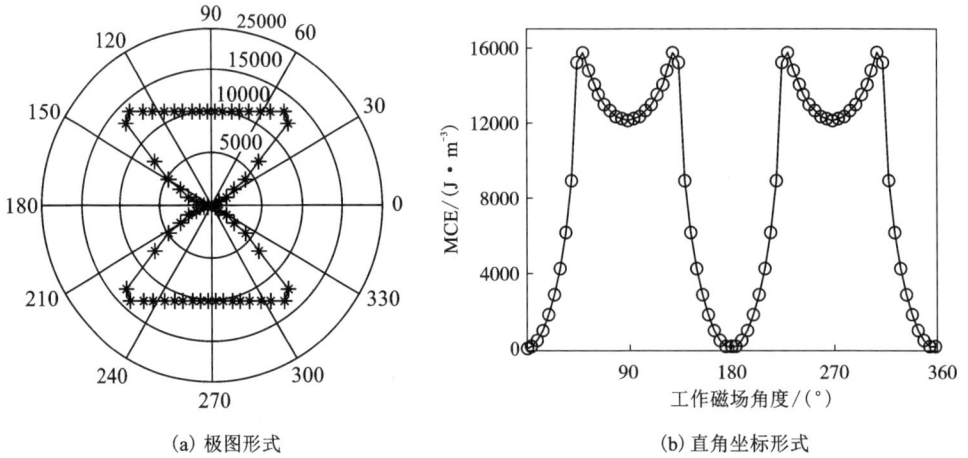

(a) 极图形式　　　　　　　　　　(b) 直角坐标形式

图 7-26　建模模拟的 MCE(g_2)

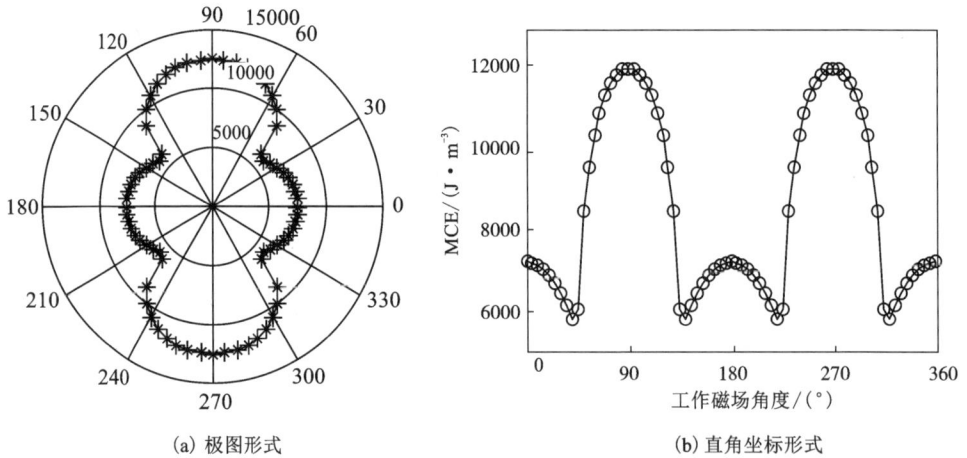

(a) 极图形式　　　　　　　　　　(b) 直角坐标形式

图 7-27　建模模拟的 MCE（60% g_1+40% g_2）

增大工作磁场，设定 $H = 10 \times 10^4 (\text{A/m})$，同样可得到每个角位置 η 相对应的磁化强度方向 φ，结果如图 7-28 所示。对比图 7-21 和图 7-28 结果发现，在 0°、45°、90°、135°、180°、225°、270°、315° 和 360° 角位置处，磁化方向旋转到与磁场的同方向。而在其余角位置处，增大工作磁场强度，δ 值减小，这意味着此时外磁场的驱动力更强，磁化方向更靠近磁场方向。

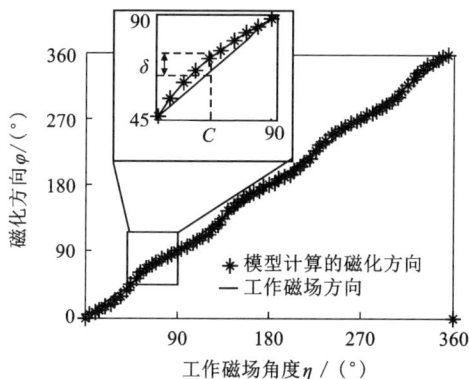

C—工作磁场中的任一角度；δ—磁化方向计算角度与工作磁场角度的差值。

图 7-28　增大不同角度工作磁场值后的磁化方向

　　同样分别以晶体取向 g_1、g_2 和 $60\%g_1+40\%g_2$ 为例，得到各角度下的 MCE，其结果如图 7-29、图 7-30 和图 7-31 所示。总结以上两个磁场下得到的各晶体结构的 MCE 结果，可知增大磁场并不会改变由晶体结构决定的难、易磁化轴位置，即 MCE 极图中的长、短轴位置。在 9 个特殊角位置处，由于磁化方向没有改变，其 MCE 值也没有变化。而在其余角位置处，磁化方向更靠近磁场方向，使得 MCE 值改变。

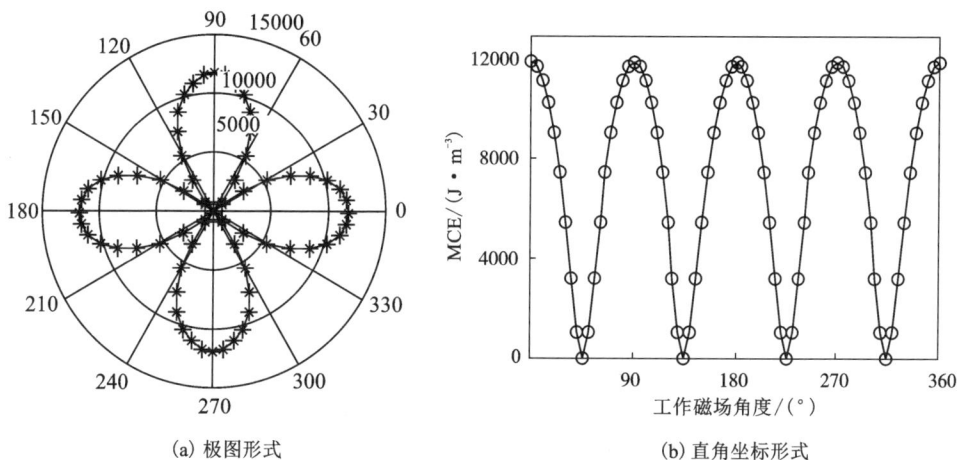

(a) 极图形式　　　　　　　　(b) 直角坐标形式

图 7-29　增大磁场强度后建模模拟的 MCE（g_1）

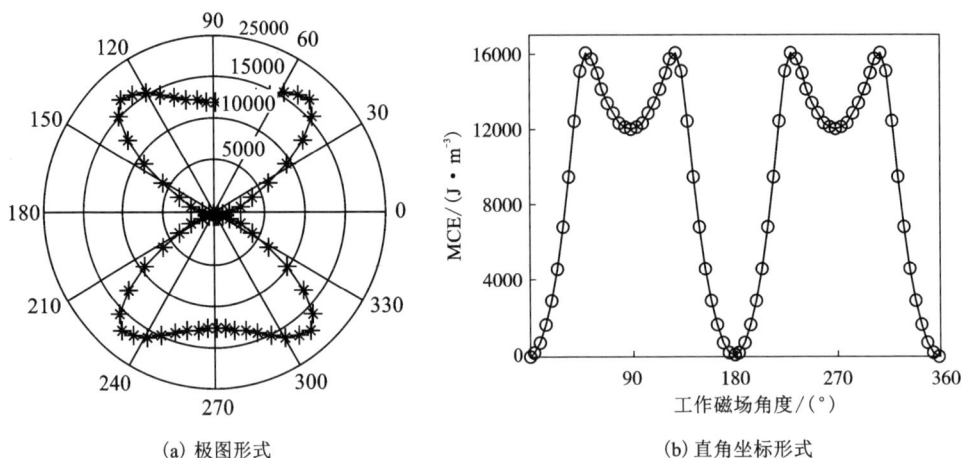

(a) 极图形式   (b) 直角坐标形式

图 7-30   增大磁场强度后建模模拟的 MCE（g_2）

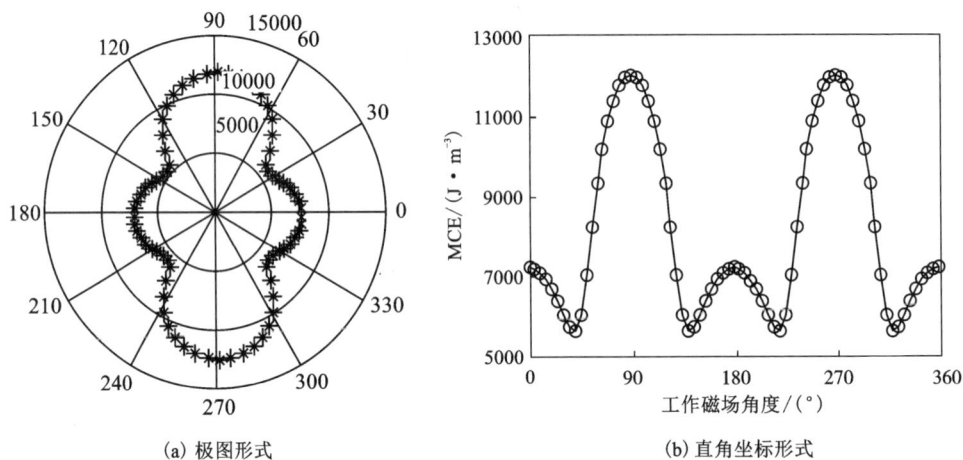

(a) 极图形式   (b) 直角坐标形式

图 7-31   增大磁场强度后建模模拟的 MCE（60%g_1+40%g_2）

7.4   应力状态下的磁晶各向异性能

外应力一般包括外加应力与晶体内部由于制备工艺或材料加工与热处理等工艺过程中留下来的残余内应力。磁晶各向异性能是在材料晶体没有形变的假设前提下得出的结果，而在实际工业生产和使用过程中材料都会受到外应力的影响，从而引起磁弹性能的变化[64]。磁弹性能 F_σ 同样具备各向异性，其表达式为[59]：

$$F_\sigma = -\frac{3}{2}\sigma\left[\lambda_{[100]}\left(\alpha_1^2\gamma_1^2+\alpha_2^2\gamma_2^2+\alpha_3^2\gamma_3^2\right)+2\lambda_{[111]}\left(\alpha_1\alpha_2\gamma_1\gamma_2+\alpha_2\alpha_3\gamma_2\gamma_3+\alpha_1\alpha_3\gamma_1\gamma_3\right)\right]$$

$$(7-44)$$

式中：σ 为应力大小；γ_1、γ_2、γ_3 分别为应力相对于三个晶轴的方向余弦；α_1、α_2、α_3 分别为磁化矢量相对于三个晶轴的方向余弦；$\lambda_{[100]}$、$\lambda_{[111]}$ 为 [100]、[111] 晶轴方向磁致伸缩系数。

假设材料内部为磁致伸缩各向同性的晶体结构，即 $\lambda_{[100]}=\lambda_{[111]}=\lambda_s$，式（7-44）可简化为：

$$F_\sigma = -\frac{3}{2}\sigma\lambda_s\cos^2\theta \qquad (7-45)$$

式中：λ_s 为饱和磁致伸缩系数；θ 为应力方向与磁化方向的夹角，其中 $\cos\theta = \alpha_1\gamma_1+\alpha_2\gamma_2+\alpha_3\gamma_3$。

假设磁晶各向异性能和磁弹性能对畴壁能的影响权重相当，则畴壁能密度为[59]：

$$\gamma_\omega = 2\sqrt{A\left(K_1+\frac{3}{2}\lambda_s\sigma\right)} \qquad (7-46)$$

7.4.1　临界磁场强度

磁系统在应力作用下的自由能包括：退磁场能 F_d、外磁场能 F_H、磁弹性能 F_σ、畴壁能 E_ω 以及反向畴成核前晶界面上的表面退磁能。根据热力学平衡原理，稳定的磁状态一定与铁磁体内总自由能的极小状态相对应。反向畴成核前后系统内的总自由能变化为[59]：

$$\Delta E = -\sigma_0 A_s + n\left\{\sigma_w A_w - 2H_{nu}J_sV - 2N_dJ_s^2V/\mu_0 - \frac{3}{2}\lambda_s\sigma\cos^2\theta V\right\} \qquad (7-47)$$

反向畴成核的临界磁场强度 H_n 由 $\Delta E = 0$ 确定，即

$$H_n = \frac{6\pi\sqrt{A\left(K_1+\frac{3}{2}\lambda_s\sigma\right)}-\mu_0 d_g\omega^{*2}b^2\lambda}{8J_sr} - M_s\lambda^2\left(\ln\frac{2}{\lambda}-1\right) - \frac{3\lambda_s\sigma\cos^2\theta}{4J_s}$$

$$(7-48)$$

7.4.2　磁晶各向异性能模型

设定材料轧制方向为参考方向，外应力与轧制方向平行，外加磁场 H 相对于参考方向的夹角为 η，如图 7-32 所示。材料内的磁化强度方向 φ 随着工作磁场强度的变化而变化。

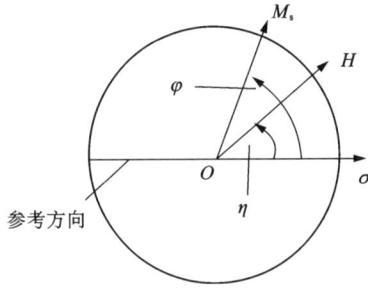

图 7-32 应力作用下磁化方向示意图

给定工作磁场的大小和方向，通过最小化晶界两侧的总磁能来确定 φ。

$$E(\eta, \varphi) = K_1\sin^2\varphi\cos^2\varphi - \mu_0 M_s H\cos(\varphi-\eta) - \frac{3}{2}\lambda_s\sigma\cos^2\varphi \qquad (7-49)$$

依据能量最小原理，对式(7-49)进行求解，即

$$\begin{cases} \dfrac{\mathrm{d}E(\eta, \varphi)}{\mathrm{d}\varphi} = K_1\sin2\varphi\cos2\varphi + \mu_0 M_s H\sin(\varphi-\eta) + 3\lambda_s\sigma\sin\varphi\cos\varphi = 0 \\[3mm] \dfrac{\mathrm{d}^2E(\eta, \varphi)}{\mathrm{d}(\varphi)^2} = 2K_1\cos4\varphi + \mu_0 M_s H\cos(\varphi-\eta) + 3\lambda_s\sigma\cos2\varphi > 0 \end{cases} \qquad (7-50)$$

设定 $H = 5\times10^4(\mathrm{A/m})$，$\lambda_s = 20.7\times10^{-5}$，$\sigma = 60$ MPa。以 5° 为步长，改变工作磁场 η 的角度，借助 Matlab 软件，对式(7-50)进行求解，最终得到应力作用下每个角位置 η 相对应的磁化方向 φ(图 7-33)。

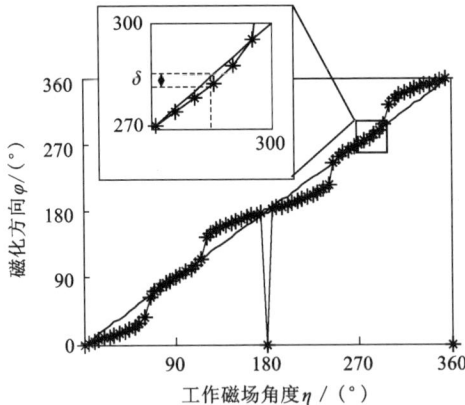

图 7-33 应力下在不同角度工作磁场下的磁化方向

分别以晶体取向 $g_1(0°, 0°, 45°)$，$g_2(0°, 45°, 0°)$ 和 $60\%g_1 + 40\%g_2$ 为例，

得到各晶体取向下相对应的 MCE，结果如图 7-34、图 7-35 和图 7-36 所示。分别对比相同晶体取向下有无应力作用的 MCE 极图，可以观察到，应力会改变 MCE 的极图形状，即改变材料的难、易磁化轴位置。例如在晶体取向 g_1 中，无应力作用下 MCE 极图共呈现出 4 个易磁化轴，分别分布在 45°、135°、225° 和 315°处；而在应力作用下，易磁化轴位置发生改变，主要分布在 60°、120°、240° 和 300°处。在晶体取向 g_2 中，无应力作用下 MCE 极图的难磁化轴位置分布在与轧制方向成 ±50° 和 ±130°处；施加应力后其难磁化方向发生改变，分布在与轧制方向成 ±65° 和 ±115°处。在多晶体晶体取向为 60%g_1+40%g_2 中，应力作用下易磁化轴位置由与轧制方向成 ±40° 和 140°偏移到与轧制方向成 ±60° 和 ±120°处。

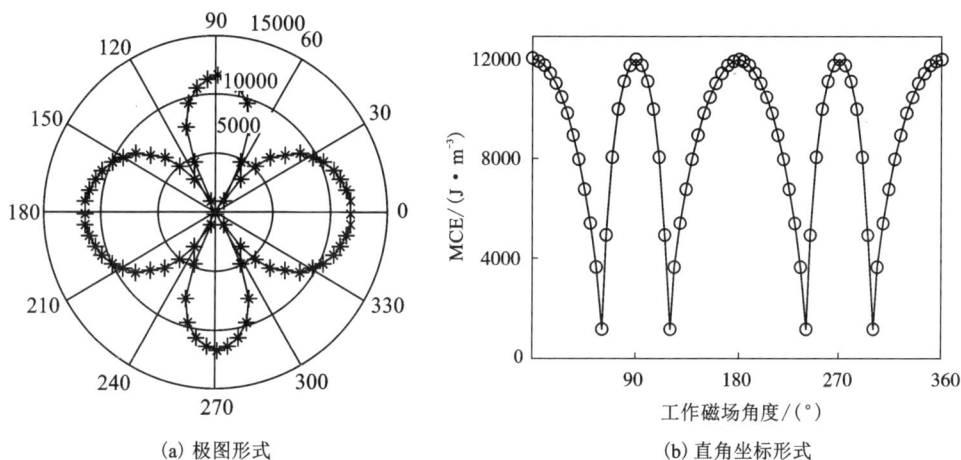

(a) 极图形式　　　　　　　　(b) 直角坐标形式

图 7-34　应力作用下建模模拟的 MCE（g_1）

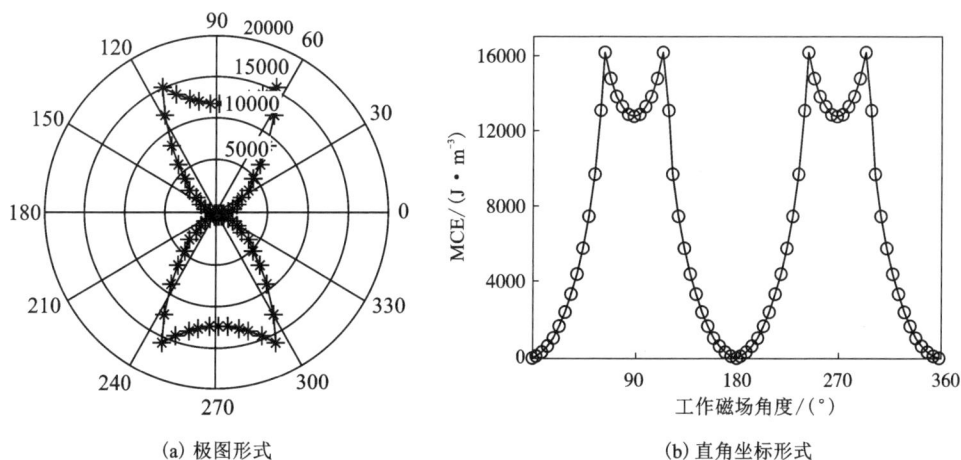

(a) 极图形式　　　　　　　　(b) 直角坐标形式

图 7-35　应力作用下建模模拟的 MCE（g_2）

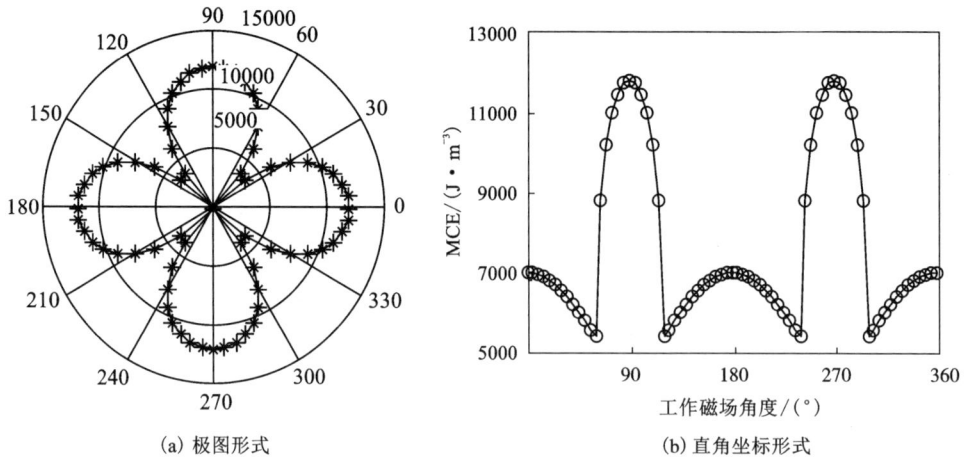

(a) 极图形式   (b) 直角坐标形式

图 7-36 应力作用下建模模拟的 MCE（$60\%g_1+40\%g_2$）

增大工作磁场，设定 $H = 10 \times 10^4 (\text{A/m})$。同样可得到每个角位置相对应的磁化方向 φ，结果如图 7-37 所示。对比图 7-33 和图 7-37 结果发现，在 0°、90° 和 270° 角位置处，磁化方向旋转到与磁场的同方向。而在其余角位置处，增大工作磁场强度，δ 值减小，这意味着此时外磁场的驱动力更强，磁化方向更靠近磁场方向，特别是在 180° 处，增大磁场强度使磁化方向克服原有的应力方向，由原来的 0° 位置转变为与磁场 H 同方向。

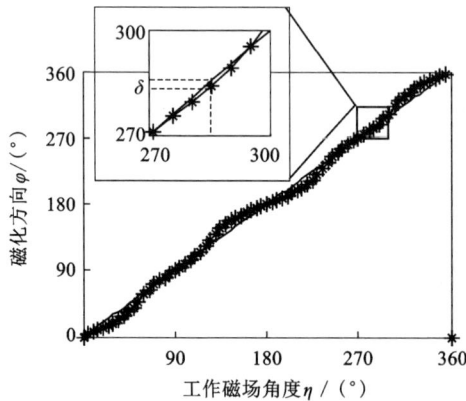

图 7-37 应力作用下增大不同角度工作磁场值后的磁化方向

分别以晶体取向 g_1、g_2 和 $60\%g_1+40\%g_2$ 为例，得到增大磁场后应力作用下各角度的 MCE，结果如图 7-38、图 7-39 和图 7-40 所示。每个晶体结构下的 MCE 值随磁化方向的改变而发生变化。已知增大磁场并不会改变 MCE 极图中的难、易磁化轴位置，但在应力作用下，磁弹性能打破原有的能量平衡状态，使得极图中的长、短轴位置发生偏移。对比增大磁场后相同晶体取向下有无应力作用的 MCE 极图可以验证上面这一结论。以晶体取向 g_1 为例，易磁化轴位置由与轧制方向成 ±45° 和 ±135° 偏移到与轧制方向成 ±55° 和 ±125° 角位置处。在晶体取向 g_2 中，难磁化轴由与轧制方向成 ±50° 和 ±130° 处偏移到与轧制方向成 ±60° 和 ±120° 角位置处。在多晶体晶体取向为 60%g_1+40%g_2 中，应力作用下易磁化轴位置由与轧制方向成 ±40° 和 ±140° 偏移到与轧制方向成 ±45° 和 ±135° 处。

综合考虑在有无应力作用下两个磁场值所对应的难、易磁化轴位置的变化，发现无应力状态下尽管外磁场并不会改变极图中的长、短轴位置，但增大磁场会改变磁系统中的外磁场能，在引入相同的磁弹性能后，系统总能量不同，使得磁化方向发生变化，最终导致极图形状随之改变，即难、易磁化轴偏移位置不同。

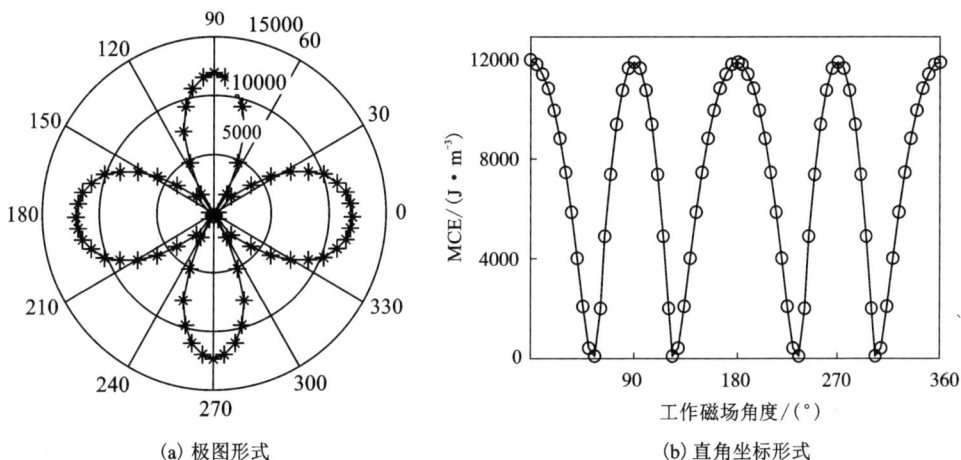

(a) 极图形式　　　　　　　　　(b) 直角坐标形式

图 7-38　增大磁场强度后应力作用下建模模拟的 MCE（g_1）

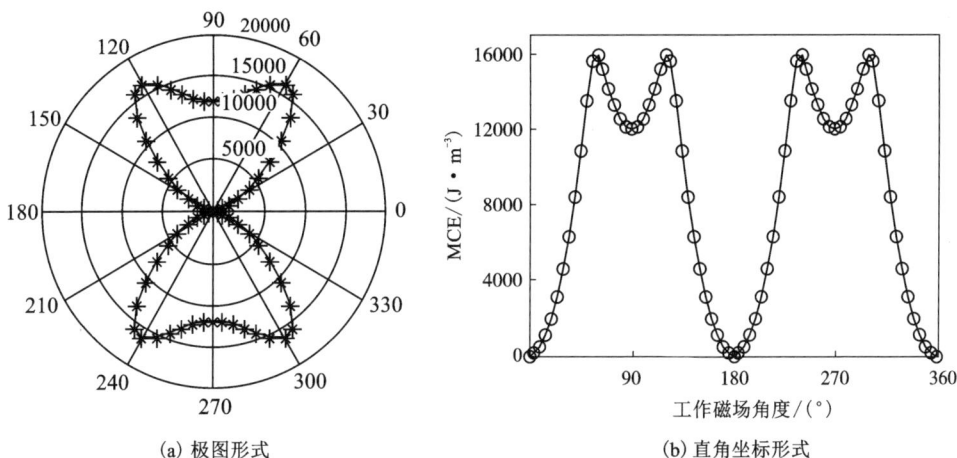

(a) 极图形式　　　　　　　　　(b) 直角坐标形式

图 7-39　增大磁场强度后应力作用下建模模拟的 MCE（g_2）

(a) 极图形式

(b) 直角坐标形式

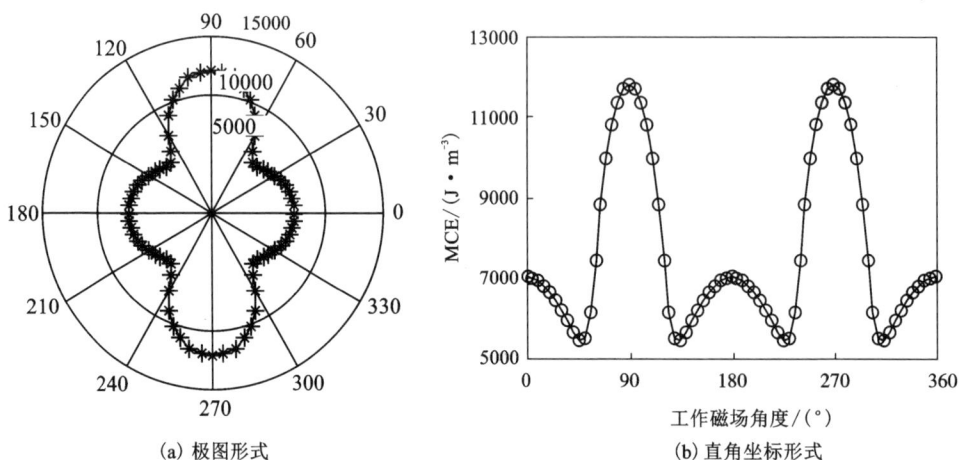

图 7-40　增大磁场强度后应力作用下建模模拟的 MCE

7.5　MBN 检测模型

7.5.1　Han-Hauser 模型

为了描述晶粒取向硅钢片的磁各向异性行为,使用考虑磁畴结构、畴壁运动等磁学微观结构的能量驱动模型[65-67]。

根据法拉第定律可知,电路中的感应电压与通过该电路的磁通量变化率成正比;通过一个回路的磁通量变化率又等于感应电动势。

$$V = -N\frac{\mathrm{d}\phi}{\mathrm{d}t} = -NA\frac{\mathrm{d}B}{\mathrm{d}t} \tag{7-51}$$

式中:V 为电路中的感应电压;N 为线圈匝数;ϕ 为通过一个 N 匝线圈的磁通量;$\dfrac{\mathrm{d}\phi}{\mathrm{d}t}$ 为磁通变化率;A 为回路的横截面积。

由此可得:

$$V \propto \frac{\mathrm{d}B}{\mathrm{d}t} \tag{7-52}$$

如果在短时间 τ 内,在样品中产生小的反向磁化,通过垂直样品放置且横截面积为 $A = \pi r^2$ 的传感线圈测量的感应电压信号为[59]:

$$\frac{\mathrm{d}B}{\mathrm{d}t} \propto \frac{2\mu_0 M_s}{\tau} \tag{7-53}$$

式中:$\mu_0 M_s$ 为饱和磁化强度;τ 称为"反转时间",表示一个完整 MBN 跳变的时间。

一个完整的 MBN 跳变的距离是 $l/2$，畴壁速度决定反转时间 τ，那么有：

$$\tau = \frac{l}{2v_{\mathrm{w}}} \tag{7-54}$$

跳变的畴壁速度主要取决于跳变开始之前瞬间作用在畴壁上的磁场，同时考虑微观涡流的阻碍作用，最终畴壁速度为：

$$v_{\mathrm{w}} = \frac{\rho H}{2\mu_0 M_s d} \tag{7-55}$$

式中：ρ 为电阻率；d 为畴壁厚度；l 为与畴尺寸有关的跳变长度；$m = M/M_s$ 为减少的磁化强度；H 为沿畴壁取向的工作磁场分量；2 表示一个畴壁两侧的磁畴数量。

假定跳变畴壁的数量 n_j 不仅与 $1-|m|$ 成正比，也与微分磁化率 χ_{d} 成正比。则磁通密度随时间变化可以表示为：

$$\frac{\mathrm{d}B}{\mathrm{d}t} \propto \chi_{\mathrm{d}}(1-|m|)\mu_0 M_s \frac{v_{\mathrm{w}}}{l} \tag{7-56}$$

Han-Hauser 模型虽有助于预测磁滞现象中的一些物理参数的影响（如温度、磁致伸缩和机械应力），但仍很难建立以畴旋转为主要磁化机制的 MBN 信号与磁畴特性参数之间的相关性联系[59]。

7.5.2　基于 Han-Hauser 模型的 MBN 检测模型

根据晶界上反向畴成核的数量与自由磁极密度成正比，可以假设在这一区段内的 MBN 事件数量与自由磁极密度正相关[59]。

$$N \propto \overline{\omega}(\eta \mid H_\eta, p) \tag{7-57}$$

考虑到临界磁场 H_{n} 和阈值磁场 H_{g}，根据式（7-55）可确定从成核点长大的畴的速度为[60]：

$$v_{\mathrm{ng}} = \frac{\rho(H-H_{\mathrm{n}}-H_{\mathrm{g}})}{2J_s d_{\mathrm{g}}} \tag{7-58}$$

式中：ρ 为电阻率；H_{n} 为反向畴成核 S 临界磁场强度；H_{g} 为反向畴生长 S 阈值磁场强度；J_s 为饱和磁极化强度；d_{g} 为平均晶粒尺寸。

在反向畴成核后长大的过程中，晶界作为新的钉扎位点阻碍畴壁运动，一个完整 MBN 跳变的距离是 $d_{\mathrm{g}}/2$，根据式（7-54）可知畴壁速度决定的反转时间 τ 为：

$$\tau = \frac{d_{\mathrm{g}}}{2v_{\mathrm{GB}}} \tag{7-59}$$

将式（7-58）和式（7-59）代入式（7-53）中，得到在磁化区段 1 内由一个反向畴引起的感应电压信号变化为：

$$\frac{dB}{dt} \propto \frac{2\rho(H-H_n-H_g)}{d_g^2} \tag{7-60}$$

根据式(7-56)进而确定这一区段内由所有成核反向畴引起的感应电压信号变化为：

$$V_i \propto \frac{2\chi_d\rho}{d_g^2}(H-H_n-H_g) \tag{7-61}$$

MBN 信号产生的能量可定义为每个 MBN 电压信号的平方相对于时间轴的积分和，即[59]

$$E_{MBN} = \sum_{i=1}^{Nevents} \int V_i^2 dt \tag{7-62}$$

在工作磁场的变化率恒定且磁化强度随时间的变化率与巴克豪森跳变成正比的条件下，即

$$\frac{dM_{JS}}{dt} \propto \chi \frac{dH}{dt} \tag{7-63}$$

式中：M_{JS} 为巴克豪森跳变的总和，与自由磁极密度成正比；χ 为磁化率；H 为沿畴壁取向的工作磁场分量。

铁磁性材料中磁感应强度 B 可以通过 $\mu_0 M$ 来近似，根据式(7-63)并引入比例常数 ξ，得到[59]：

$$E_{MBN} = n\int \frac{dM}{dt}\frac{dM}{dt}dt = \xi n\chi \frac{dH}{dt}\int dM_{JS} \tag{7-64}$$

式中：n 为实验相关的常数，$n=\mu_0^2 A^2 N^2$；M_{JS} 为巴克豪森跳变的总和，与自由磁极密度成正比。

根据式(7-57)、式(7-61)和式(7-64)结果，得到考虑外磁场角度、碳含量和晶粒尺寸的 MBN 能量关系式为：

$$E_{MBN}(\eta|H_\eta, p, d_g) \propto \frac{2\rho\bar{\chi}_d}{d_g^2}(H-H_n-H_g)\bar{\omega}(\eta|H_\eta, p) \tag{3-65}$$

式中：ρ 为电导率；χ_d 为磁化率；d_g 为平均晶粒尺寸；p 为珠光体含量；H 为沿畴壁取向的工作磁场分量；H_n、H_g 分别是产生反向畴的临界磁场强度和移动成核后畴壁所需的阈值磁场。

从上述关系式可以看出磁化区段 1 中 MBN 跳变主要取决于自由磁极密度，间接取决于晶体结构、晶粒尺寸、碳含量等参数。$(H-H_n-H_g)$ 作为磁化区段 1 内产生 MBN 跳变的驱动力，在磁场从正饱和到负饱和的过程中，工作磁场与反向畴成核临界磁场和阈值磁场之间的差值总是正值。d_g、ω^*、H_n 和 H_g 这些代表微

观结构的参数被引入到宏观 MBN 能量模型中时，需要统计被测试件局部区域中所有晶界两侧晶粒取向对的数据集。

7.6 基于 MBN 信号检测通风机部件疲劳损伤

7.6.1 疲劳引起的部件残余应力变化

残余应力是指外力作用消失后，材料内部存在的保持自身相互平衡的应力系统。材料不同部分因热膨胀系数、屈服强度或刚度的差异，会存在不协调、不均匀的变形，而为了保持结构的稳定，材料内部会产生制约这种变形的力，这就是残余应力的形成机理。

由残余应力虽不可能测量出疲劳强度，但可检测残余应力的变化，预测部件龟裂的发生，进而预测其扩展。如图 7-41 所示，当部件由疲劳引起的部件残余应力出现这些峰值变化的特征时，可以认为这是龟裂发生的时刻，这对以后应对龟裂的扩展引起特别的注意[68]。

①当部件初始残余应力为零，随着重复应力载荷次数的增加，压缩残余应力也逐渐增大，当达到某一重复次数，出现峰值后，残余应力将逐渐减小，而在此后大体上保持固定的常数。

②如果初始存在拉伸残余应力，随着应力重复次数增加，拉伸残余应力以相当快的速度减小，进而转变成压缩值。当压缩残余应力减小到某值后，也基本上保持不变。

③如果初始存在压缩残余应力，随着应力重复次数增加，压缩残余应力以相当快的速度减小到某值后，又缓慢增大。

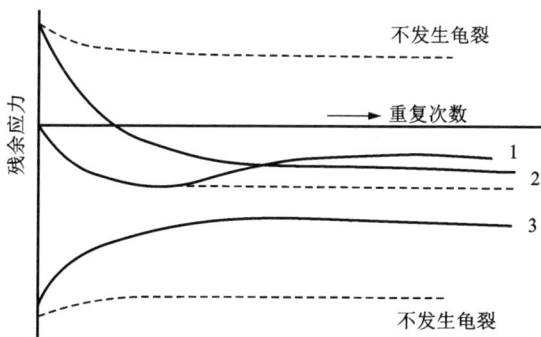

1—初始残余应力为零；2—初始存在拉伸残余应力；3—初始存在压缩残余应力。

图 7-41 由疲劳引起的残余应力的变化

在拉伸残余应力存在的位置，龟裂的扩展会加速；而在压缩残余应力存在的位置，龟裂的扩展可以延缓。伴随着龟裂的扩展，在某个疲劳裂纹尖端附近会有塑性变形区产生(图7-42)，该变形区域内残余应力分布状态变化更大，可以通过对其的测量准确地判断疲劳裂纹。

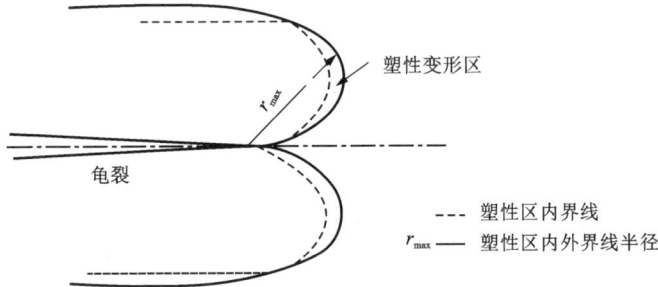

图7-42 疲劳裂纹尖端附近的塑性变形区

7.6.2 基于 MBN 信号分布的通风机部件疲劳损伤检测

部件的疲劳损伤是从材料的塑性变形开始的，且塑性变形大多存在于材料局部区域，因此残余应力大多存在于材料局部区域。

KLEBER 等[69] 将低碳钢用 410 MPa 的应力进行单轴拉伸，检测到当塑性变形小于 1% 时，MBN 信号变化不大；当塑性变形大于 1% 时，MBN 信号会随着变形量的增大而迅速减小。研究还得出[69-70]，残余压应力作用下 MBN 信号会出现 2 个波峰，归因于 90°畴壁的位移，而残余拉应力下 MBN 信号的迅速变化是 180°畴壁的位移造成的。在研究材料表面 40 μm 深度内残余应力

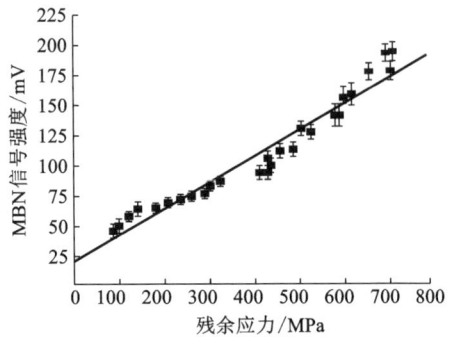

图7-43 轴承钢中 MBN 信号和残余应力的关系[70]

的影响时得出，MBN 信号强度和残余应力存在如图 7-43 所示的正相关关系[70]。

因此，当采用 MBN 检测通风机部件时，由图 7-41~图 7-43 可知，若 MBN 信号出现峰值并趋向于定值时，可以认为这是部件疲劳产生龟裂的时刻，此时部件已经产生了疲劳损伤。

第 8 章　基于振动分析的矿井通风机故障诊断与预警

8.1　矿井通风机

矿用通风机按其构造和工作原理，可分为离心式通风机和轴流式通风机两大类，轴流式通风机又分为普通轴流式通风机和对旋式通风机两种。

8.1.1　离心式通风机

（1）构造

如图 8-1 所示，离心式通风机主要由动轮（又名叶轮或工作轮）1、螺旋形机壳 5、吸风管 6 和锥形扩散器 7 组成。有些离心式通风机还在动轮前面装设由叶片构成的前导器（又称固定叶轮）。前导器的作用是使气流进入动轮入口的速度发生预旋绕，以调节通风机产生的风压和风量。动轮是由固定在主轴 3 上的轮毂 4 和其上的叶片 2 所组成；叶片按其在动轮出口处安装角的不同，分为前倾式、径向式和后倾式 3 种，见图 8-2。动轮入风口分为单侧吸风和双侧吸风两种，图 8-1 所示是单侧吸风式。

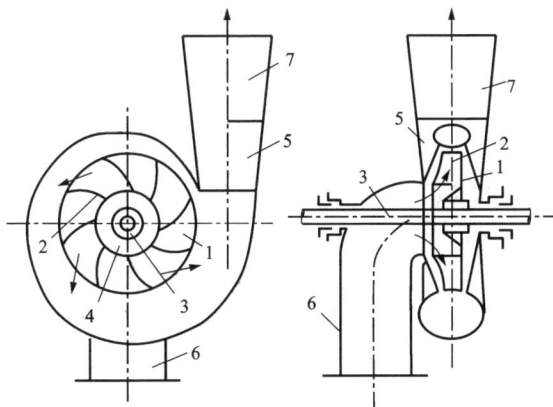

1—动轮；2—叶片；3—主轴；4—轮毂；5—螺旋形机壳；6—吸风管；7—锥形扩散器。

图 8-1　离心式通风机

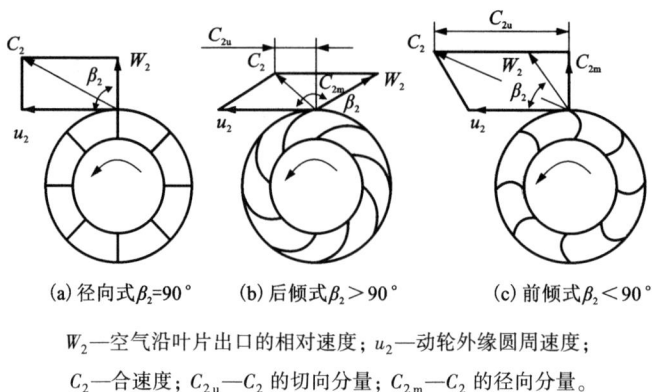

(a) 径向式$\beta_2 = 90°$　(b) 后倾式$\beta_2 > 90°$　(c) 前倾式$\beta_2 < 90°$

W_2—空气沿叶片出口的相对速度；u_2—动轮外缘圆周速度；

C_2—合速度；C_{2u}—C_2的切向分量；C_{2m}—C_2的径向分量。

图 8-2　离心式通风机叶轮

(2)工作原理

当电动机通过传动机构带动动轮旋转时，叶道间的空气随叶片的旋转而旋转并获得离心力，经叶端被排出动轮，流至螺旋状机壳里。在机壳内空气流速逐渐减小，压力升高，然后经扩散器排出。与此同时，动轮中气体外流，因而在叶片的入口即叶根处形成负压，使吸风口处的空气自叶根流入叶道，再从叶端流出，如此连续不断形成连续流动。

空气受到离心力作用离开动轮时获得了能量，若以压力形式表示就是动轮的工作提高了空气的全压。空气经过动轮以后，全压就不再增加了，但是压力的形式却发生转化，即空气通过螺壳和扩散器时由于其过风断面不断扩大，空气的动压转化为静压，静压增大，动压减小。在抽出式通风时扩散器出口静压成为大气压，动压则为气流流出到大气的速度所体现的动压；在压入式通风时扩散器出口静压大于大气压，动压则为气流流出到风硐的速度所体现的动压。

(3)特点

离心式通风机的优点是结构简单、维护方便、噪声小、工作稳定性好；缺点是体积大、通风机的风量调节不方便、必须有反风道才能反风。

8.1.2　普通轴流式通风机

(1)构造

如图 8-3 所示，轴流式通风机主要由动轮(又名叶轮或工作轮)1、圆筒形外壳 3、集流器 4、整流器 5、前流线体 6 和环形扩散器 7 所组成。集流器是一个外壳呈曲面形、断面逐渐收缩的风筒。前流线体是一个遮盖动轮部分的曲面圆锥形罩，它与集流器构成环形入风口，以减少入口对风流的阻力。动轮是由固定在轮轴上的轮毂和等间距安装的叶片 2 组成。动轮有一级和二级两种,二级动轮产生的风压近似于一级的 2 倍。整流器(导叶)安装在每一级动轮之后,为固定叶轮;其作用是整直由动轮流出的旋转气流,以减小动能和涡流损失。环形扩散器的作用是使从整流器流出的环状气流逐渐扩张,过渡到柱状(即风硐或外扩散器内全断面的)空气流,同时减少气流能量的冲击损失;随着断面的扩大,气流的一部分动压转变为静压,使动压逐渐变小。

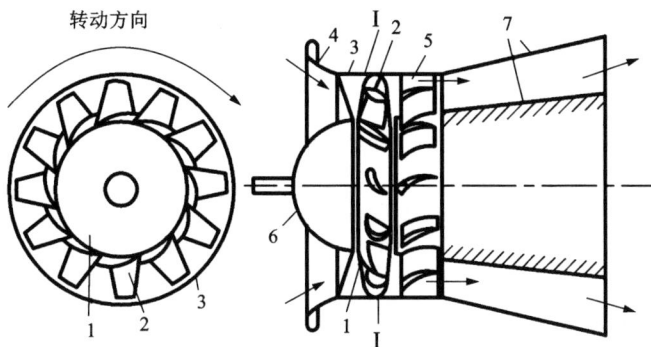

1—动轮;2—叶片;3—圆筒形外壳;
4—集流器;5—整流器;6—前流线体;7—环形扩散器。

图 8-3　轴流式通风机

　　轴流式通风机的叶片用螺栓固定在轮毂上,横截面和机翼形状相似。在叶片迎风侧作一外切线,称为弦线,弦线与动轮旋转方向的夹角,称为叶片安装角,以 θ 表示。θ 可以根据需要来调整。因为通风机的风压和风量大小与 θ 有关,所以工作时可根据需要的风压和风量调节 θ。一级动轮的通风机 θ 的调节范围是 $10°\sim40°$,二级动轮的通风机 θ 的调节范围是 $15°\sim45°$,可按相邻角度差 $5°$ 或 $2.5°$ 调节,但每个动轮上的角度必须严格保持一致,见图 8-4。

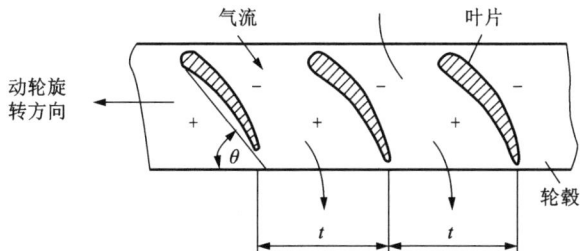

θ—叶片安装角;t—叶片间距。

图 8-4　轴流式通风机的叶片安装角

（2）工作原理

当动轮叶片（机翼）在空气中快速扫过时，由于翼面（叶片的凹面）与空气冲击，给空气以能量，产生了正压力，空气则从叶道流出；而翼背牵动背面的空气产生负压力，将空气吸入叶道，如此一吸一推造成空气流动。空气经过动轮时获得了能量，即动轮的工作给风流提高了全压。

（3）特点

轴流式通风机具有结构紧凑、体积小、质量轻、转速高、可直接与电动机相连、风量调节较为方便、反风措施较多等优点。其缺点是噪声大、构造复杂。

8.1.3 对旋式通风机

（1）构造

如图 8-5 所示，对旋式通风机由集流器、第一级叶轮、第二级叶轮、机壳等组成。一级叶轮和二级叶轮相对并列，但旋转方向相反，其机翼的扭曲方向也相反。电动机为防爆型（长轴通风机不要求电动机防爆），安装在主风硐中的密闭罩内，与通风机流道中的气流隔离，密闭罩中有扁管与大气相通，以达到散热的目的。

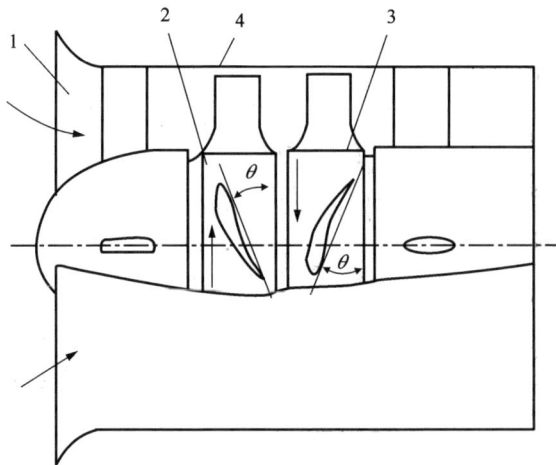

1—进风口（集流器）；2—第一级叶轮；3—第二级叶轮；4—机壳。

图 8-5 对旋式通风机

（2）工作原理

工作时两级叶轮分别由两个等功率、等转速、旋转方向相反的电动机驱动，当气流通过集流器进入第一级叶轮获得能量后，再经第二级叶轮升压排出。两级叶轮互为导叶，气流经过第一级叶轮后形成的旋转速度由第二级反向叶轮旋转消除，从而使气流形成单一的轴向流动。

（3）特点

对旋式通风机是无静叶轴流式通风机，两级叶轮的气流平稳，负载分配比较合理，第二级叶轮兼备普通轴流式通风机中导叶的功能，在获得垂直圆周方向速度分量的同时，并加给气流能量，从而使通风机内耗减少，阻力损失降低。大型对旋通风机装有扩散器、消音器等部件，通风机底座设有托轮，在预设的轨道上可沿轴向移动或非轴向移动，安装检修方便。因此，对旋式通风机具有气动性能好、高效区宽、运转稳定、节能、噪声小、结构紧凑以及安装方便等优点。

8.1.4　矿井通风机性能

8.1.4.1　通风机工作参数

表示通风机性能的主要工作参数是通风机的风量 Q、风压 H、功率 N、效率 η 和转速 n 等。

（1）通风机的风量 Q

通风机的风量是指单位时间内通过通风机入风口空气的体积，亦称体积流量（无特殊说明时均指在标准矿井空气条件下，即静压 101325 Pa、温度 20℃、相对湿度 60%），单位为 m³/s、m³/min 或 m³/h。

（2）通风机的风压 H

通风机的风压有全压 H_t、静压 H_s 和动压 H_v 之分，单位为 Pa。

通风机的全压 H_t 是指单位体积空气通过通风机时所获得的能量，其数值为通风机出风口断面与入风口断面风流的总能量之差。因为通风机出风口断面与入风口断面间的高度差较小，其位压差可以忽略，所以通风机的全压等于通风机出风口风流的全压与入风口风流的全压之差。即

$$H_t = P_{tc} - P_{ti} \tag{8-1}$$

式中：P_{tc}、P_{ti} 分别为通风机出风口和入风口断面风流的绝对全压，Pa。

通风机的全压 H_t 由通风机静压 H_s 和动压 H_v 两部分组成，通风机动压 H_v 定义为通风机出风口断面风流的动压。即

$$H_t = H_s + H_v \tag{8-2}$$

$$H_v = \frac{1}{2}\rho_c v_c^2 \tag{8-3}$$

式中：ρ_c 为通风机出风口断面风流的平均密度，kg/m³；v_c 为通风机出风口断面风流的平均速度，m/s。

（3）通风机的功率 N

通风机的功率分为输出功率（又称空气功率）和输入功率（又称轴功率）。

通风机的输出功率是指通风机单位时间内对空气所作的功(单位为 kW),它分为全压输出功率 N_t 和静压输出功率 N_s。

$$N_t = \frac{H_t Q}{1000} \tag{8-4}$$

$$N_s = \frac{H_s Q}{1000} \tag{8-5}$$

通风机的输入功率是指通风机旋转轴从电动机得到的功率,其计算公式为

$$N = \frac{\sqrt{3}\, UI\cos\varphi}{1000}\eta_m\eta_{tr} \tag{8-6}$$

式中:N 为通风机的输入功率,kW;U 为线电压,V;I 为线电流,A;$\cos\varphi$ 为功率因数;η_m 为电动机效率;η_{tr} 为传动效率。

(4)通风机的效率 η

通风机的效率是指通风机的输出功率与输入功率之比。因为通风机的输出功率有全压输出功率和静压输出功率之分,所以通风机的效率分为全压效率 η_t 和静压效率 η_s。

$$\eta_t = \frac{N_t}{N} \tag{8-7}$$

$$\eta_s = \frac{N_s}{N} \tag{8-8}$$

显然,通风机的效率越高,说明通风机的内部阻力损失越小,其性能也越好。目前,高性能通风机的静压效率可在 85% 以上。

(5)通风机的转速 n

通风机单位时间内的转数称为转速,单位为 r/min。

8.1.4.2　通风机工作特性曲线

对于每一台通风机来说,在额定转速的条件下,有一定的风量,就有一定的风压、功率和效率;如果风量改变,其他三个参数也随之改变。因此,可以将通风机的风压、功率和效率随风量变化而变化的关系绘制在以风量 Q 为横坐标,以风压 H、功率 N 和效率 η 为纵坐标的直角坐标系上,即得到 H-Q、N-Q 和 η-Q 曲线,这组曲线就称为通风机工作特性曲线。由于每一台通风机的工作特性曲线都会有所不同,因此该组曲线也称为该通风机个体特性曲线。

通风机工作特性曲线反映了通风机的工作性能,是选择、使用和管理通风机的依据。

图 8-6 和图 8-7 分别为轴流式和离心式(后倾式)通风机的个体特性曲线示例。

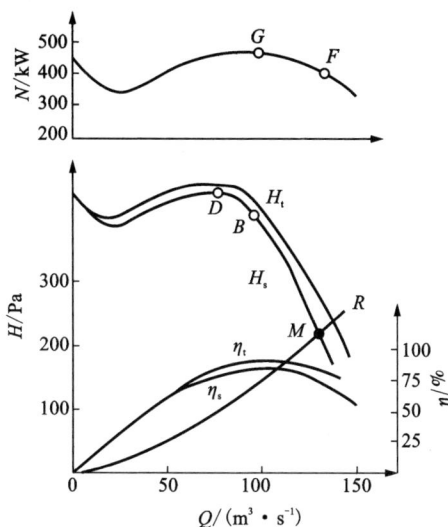

D—风压特性曲线驼峰点(即风压最高点)；B—效率最高时的风压(即额定风压)和风量(即额定风量)点；
G—效率最高时的输入功率(即额定功率)和风量(即额定风量)点；M—通风机实际工况(即实际工作的风压
和风量)点；F—通风机实际工作时的输入功率和风量点；R—矿井风阻特性曲线。

图 8-6　轴流式通风机个体特性曲线

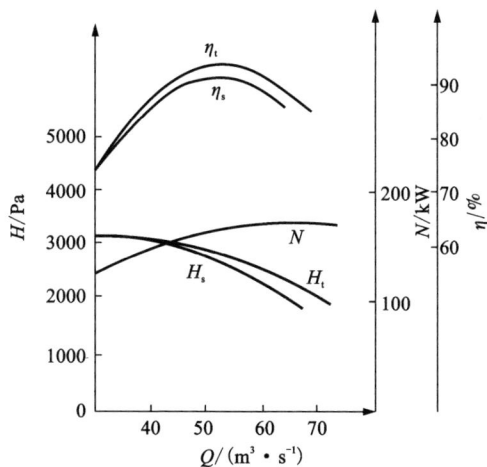

图 8-7　离心式(后倾式)通风机个体特性曲线

(1)风压特性曲线 $H\text{-}Q$

风压特性曲线反映的是通风机的风压与风量的关系,有全压特性曲线 $H_t\text{-}Q$

和静压特性曲线 H_s-Q 之分(两者之差为通风机的动压)。

轴流式通风机的风压特性曲线一般都有马鞍形驼峰存在,而且同一台通风机的驼峰区随叶片安装角的增大而增大。驼峰点 D 以右的特性曲线为单调下降区段,是稳定工作段;点 D 以左为不稳定工作段,通风机在该段工作,有时会出现通风机风量、风压和电动机功率的急剧波动,甚至机体发生震动,产生不正常噪声,引起"喘振(或飞动)"现象,严重时会损坏通风机。

离心式通风机风压曲线驼峰不明显,且随叶片后倾角度增大逐渐减小,其风压曲线工作段较轴流式通风机平缓。当风网风阻作相同量的变化时,其风量变化比轴流式通风机要大。

(2)功率特性曲线 $N-Q$

功率特性曲线是指通风机的输入功率(轴功率)与通风机风量的关系曲线。

离心式通风机的轴功率 N 随 Q 增加而增大,只有在接近风流短路时功率才略有下降。因而,为了保证启动安全,避免因启动负荷过大而烧坏电动机,离心式通风机在启动时应将风硐中的闸门全闭,待其达到正常转速后再将闸门逐渐打开。当供风量超过需风量时,离心式通风机可利用闸门加阻来减少工作风量,以节省电能。

轴流式通风机的叶片安装角不太大时,在稳定工作段内,功率 N 随 Q 增加而减小,所以轴流式通风机应在风量最大时(如常打开闸门)启动,以减少启动负荷。

(3)效率特性曲线 $\eta-Q$

效率特性曲线是指通风机的效率与通风机风量的关系曲线。由图 8-6 和图 8-7 可见,当风量逐渐增加时效率也逐渐增大,当达到最大值后便逐渐下降。一般通风机的设计最高效率点均在风压较高的稳定工作区内,通风机在铭牌上标出的额定风量和额定风压指的就是通风机在最高效率点时的工作风量和工作风压。

8.2 矿井通风机故障振动

通风机的常见故障,主要有机械故障和性能故障等。通风机故障的主要表现形式是振动,不同的故障有其特有的振动特征,即故障引起了振动,振动以一定的频率表现出来,该频率称为通风机工作时的故障特征频率。

8.2.1 机械故障及其振动特征与敏感参数

对于矿井通风机常见的机械故障,其振动特征和敏感参数分别见表 8-1 和表 8-2。

表 8-1　矿井通风机常见的机械故障及其振动特征[71-75]

故障原因	振动特征							
	特征频率	常伴频率	振动稳定性	振动方向	相位特征	轴心轨迹	进动方向	矢量区域
轴系不对中	$2f_\tau$	$1f_\tau$, $3f_\tau$	稳定	径向, 轴向	较稳定	双环椭圆	正动向	不变
转子质量偏心	$1f_\tau$		稳定	径向	稳定	椭圆	正动向	不变
转子部件缺损	$1f_\tau$		突发性增大后稳定	径向	突变后稳定	椭圆	正动向	突变后稳定
转轴弓形弯曲	$1f_\tau$	$2f_\tau$	稳定	径向, 轴向	稳定	椭圆	正动向	矢量起始点大, 随着运行继续增大
转轴临时性弯曲	$1f_\tau$		稳定	径向, 轴向	稳定	椭圆	正动向	升速时矢量逐渐增大, 稳定后矢量减小
油膜涡动	$\leq 0.5f_\tau$	$1f_\tau$	较稳定	径向	稳定	双环椭圆	正动向	不变
油膜振荡	$\leq 0.5f_\tau$ ($0.43\sim 0.48)f_\tau$	组合频率	不稳定	径向	不稳定 (突变)	扩散, 不规则	正动向	改变
转子支承系连接松动	基频及分数谐波	$2f_\tau$, $3f_\tau$, …	不稳定, 工作转速达到某阈值时, 振幅突然增大或减小	松动方向振动大	不稳定	紊乱	正动向	变动
转子与静止件重摩擦	$1f_\tau$, $2f_\tau$, $3f_\tau$, …	$f_\tau/2$	稳定					

续表8-1

故障原因	振动特征							
	特征频率	常伴频率	振动稳定性	振动方向	相位特征	轴心轨迹	进动方向	矢量区域
转子与静止件轻摩擦	$1f_\tau$, $2f_\tau$, $3f_\tau$, …	$f_\tau/2$, $f_\tau/3$, $f_\tau/3$, …	稳定					
基础或装配松动	$2f_\tau$,	$1f_\tau$, $3f_\tau$, $4f_\tau$, …	不稳定					
轴承外圈故障	$\dfrac{z}{2}f_n \cdot$ $\left(1+\dfrac{d}{D}\cos\alpha\right)$							
轴承内圈故障	$\dfrac{z}{2}f_n \cdot$ $\left(1-\dfrac{d}{D}\cos\alpha\right)$							
保持架与内圈碰撞故障	$\dfrac{1}{2}f_n \cdot$ $\left(1+\dfrac{d}{D}\cos\alpha\right)$							
保持架与外圈碰撞故障	$\dfrac{1}{2}f_n \cdot$ $\left(1-\dfrac{d}{D}\cos\alpha\right)$							
滚动体故障	$\dfrac{f_n}{2}\left[\dfrac{1-\dfrac{d^2}{D^2}}{(\cos\alpha)^2}\right] \cdot$ $\dfrac{D}{d}$							

续表8-1

故障原因	振动特征							
	特征频率	常伴频率	振动稳定性	振动方向	相位特征	轴心轨迹	进动方向	矢量区域
通风机叶片故障	Nf_τ	$(N\pm m)f_\tau$		径向，变形严重时轴向振动也较大				

注：f_τ—工作基频；f_n—转轴旋转频率；z—滚动体个数；d—滚动体直径；D—轴承滚道直径；α—接触角；N—叶片数；m—正整数，$m=1$，2，3，$\cdots$

表 8-2　矿井通风机常见的机械故障及其敏感参数[71-75]

故障原因	可检测的敏感参数					
	振动随转速变化	振动随负荷变化	振动随油温变化	振动随流量变化	振动随压力变化	其他识别方法
轴系不对中	明显	不明显	有影响	有影响	有影响	①转子轴承振动较大②联轴器相连轴承处振动较大③随通风机负荷增加，振动增大④对环境温度变化敏感
转子质量偏心	明显	不明显	不变	不变	不变	低速时振幅趋于零
转子部件缺损	明显	不明显	不变	不变	不变	低速突然增加
转轴弓形弯曲	明显	不明显	不变	不变	不变	①通风机开始升速运行时，在低速阶段振动幅度就较大②转子两端相位差180°
转轴临时性弯曲	明显	不明显	不变	不变	不变	升速过程振幅大，往往不能正常启动
油膜涡动	明显	不明显	明显	不变	不变	涡动频率随工作角频率升降，保持速过程振幅大，保持$\omega\leqslant0.5\omega_0$

续表8-2

故障原因	可检测的敏感参数					
	振动随转速变化	振动随负荷变化	振动随油温变化	振动随流量变化	振动随压力变化	其他识别方法
油膜振荡	振动发生后, 升高转速振动不变	不明显	明显	不变	不变	①工作角频率等于或高于 $2\omega_n$ 时突然发生 ②振动强烈, 有低沉吼声 ③振荡发生前发生油膜涡动 ④异常振动有非线性特征
转子支承系连接松动	很敏感	敏感	不变	不变	不变	非线性振动特征
转子与静止件重摩擦	明显	敏感	不变			非线性振动特征
转子与静止件轻摩擦	明显	敏感	不变			非线性振动特征
基础或装配松动	很敏感					非线性振动特征
轴承外圈故障	明显		明显			
轴承内圈故障	明显		明显			
保持架与内圈碰撞故障	明显		明显			
保持架与外圈碰撞故障	明显		明显			
滚动体故障	明显		明显			
通风机叶片故障	明显			有影响		变形严重时伴有较大的异常声音

注: ω_0—涡动频率; ω_n—转子固有频率。

（1）轴系不对中

电动机转轴与通风机转轴的连接是通过联轴器完成的，三者共同组成一个联通轴系。当电动机轴线与通风机轴线不平行或不重合、一个或多个轴承安装倾斜或偏心时，会出现轴系不对中。转轴产生平行、角度或综合位移的情况，都属于轴系不对中，如图 8-8 所示。

轴系不对中的原因是制造误差大、装配不当（如在电动机与通风机转子轴安装过程中，不可避免地会存在一定的误差，这种误差会在使用过程中逐渐增加，引起的负面影响也越来越大，并造成转轴承压且出现变形，这就导致通风机转轴与电动机轴线产生偏移）、调整不够、基础下沉、热胀或联轴节锁死等。

轴系不对中问题容易被忽视，但其可能导致一系列的连锁反应，例如异常振动造成联轴器偏转、联轴挠曲变形等问题。这不仅对通风机本身造成损坏，甚至可能对整个矿井通风系统造成影响。据统计，转子系统机械故障中 60% 是轴系不对中引起的，其振动特征及敏感参数见表 8-1 和表 8-2[71]。

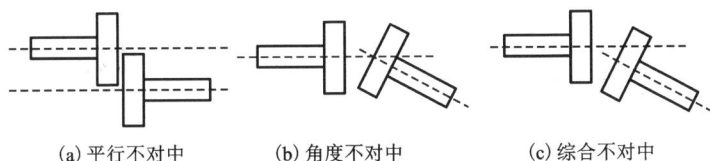

(a) 平行不对中　　　(b) 角度不对中　　　(c) 综合不对中

图 8-8　轴系不对中形式

（2）转子不平衡

当通风机转子质盘中心偏离转动中心时，就会出现转动不平衡，即转子不平衡。其原因有转子系统的质量偏心及转子部件出现缺损。装配不当、转子上附有介质（如灰尘），会使转子系统的质量偏心；转子磨损、转子破裂或部件丢失，是常见的转子部件缺损。

（3）转轴弯曲

具体原因包括轴弓形弯曲和临时性弯曲两种故障。

（4）滑动轴承油膜力学特征引起的自激振动

具体原因包括油膜涡动和油膜振荡。

（5）转子支承系连接松动

转子支承系连接松动，是指支承系统配合间隙误差过大或配合过盈量不足，或是配合面的连接螺栓紧固不牢发生的异常振动。

（6）转子与静止件发生摩擦

转子与静止件发生摩擦有 2 种情况：①转子外缘与静止件接触而引起的径向摩擦；②转子在轴向与静止件接触而引起的轴向摩擦。

摩擦振动是一种非线性振动，当发生局部摩擦时，振动频率中除基频 f_r 外，

还包含有 $2f_\tau$、$3f_\tau$ 等一些高次谐波及分数谐波（即次谐波）振动，即在频谱图上出现的 f_τ/n 的次谐波成分，分 2 种情况：①重摩擦时 $n=2$；②轻摩擦时 $n=2$，3，4，…[72]

产生转子与静止件摩擦故障的原因主要有转子与静止件的间隙不当；转子安装时与定子偏心，对中不良，转轴动挠度大；通风机运行时热膨胀严重不均匀；基础或壳体变形过大。

（7）基础或装配松动

基础或装配松动是指基础不均匀、水平下沉、变形或是连接螺栓紧固不牢时产生的异常振动。这种情况多是零件本身、零部件配合间隙误差过大或配合过盈量不足产生的异常振动，多发生于零部件连接处。基础或装配松动与转子不平衡是相伴而生的，其具体表现为非线性的振动特征，振动特征频率为 2 倍频，同时伴生有 1 倍、3 倍、4 倍甚至更高频率的谐波[73]。此时，通风机对于转子偏心率和转速比的变化很敏感，当工作转速低于 1 阶临界转速时，松动的振动响应较大；当转速高于 1 阶临界转速时，在一定条件下将发生分数谐波（0.3~0.5）f_τ，亚谐波 1.5f_τ、2.5f_τ 共振[72]。

（8）轴承故障

矿井通风机滚动轴承的结构如图 8-9 所示，其滚动轴承运动时，外圈固定不动，内圈与轴承一起运动。但发生故障的滚动轴承在运动时，部分动力就来自轴承的轴向力，滚动轴承内的滚珠随轴向力发生运动；此时，滚珠在轴承内圈与外

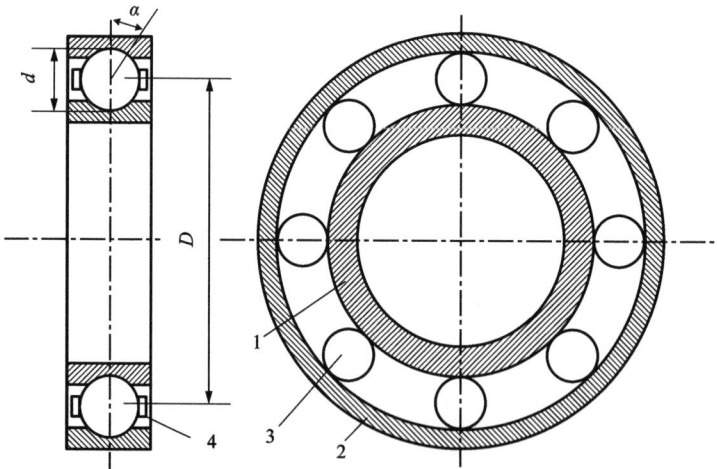

D—滚动轴承直径；d—滚动体直径；α—接触角；
1—内圈；2—外圈；3—滚动体；4—保持架。

图 8-9 矿井通风机滚动轴承结构

圈的轨道槽内运动时,受到向外的轴向力。滚珠运动时,除了做圆周运动外,还会在内外圈轨道的偏外侧运动,这样就会使运动状态的内外圈发生轴向位移,即滚珠的运动直径由 d 变为 $d\cos\alpha$。其故障特征频率见表 8-1。

滚动轴承在装配时可能发生的装配不当、润滑不良、水分和异物落入以及运行中的腐蚀和过载等,都能使轴承过早损坏或发生故障。当轴承出现点蚀、剥落、磨损、胶合等故障时,与轴承接触的其他元件表面产生周期性振动,此振动以一定的频率表现出来,即轴承元件工作时的故障特征频率。

根据结构的不同,滚动轴承故障包括内圈故障、外圈故障、保持架与内圈碰撞故障、保持架与外圈碰撞故障以及滚动体故障等。

(9)通风机叶片故障

通风机叶片故障,通常是通风机工作时受到气体动压力激振,使叶片出现裂纹、断裂或是叶片变形。通风机叶片故障,会造成通风机的不平衡振动。

8.2.2　性能故障及其振动特征与敏感参数

对于矿井通风机常见的性能故障,其振动特征和敏感参数分别见表 8-3 和表 8-4。

(1)旋转失速

气流在叶片背部的流动遭到破坏,会引起升力减小,阻力急剧增加,风压迅速降低,这种现象称为"脱流"或"失速";严重时,会出现部分流道阻塞[71]。

(2)喘振

当通风机处于不稳定工作区时,其出口压力时而小于、时而大于、时而等于与它连接工作的管网压力,从而引起通风机气流的倒流或是突然释放,这样周而复始的气流脉动使通风机产生强烈的振动和噪声,这就是喘振现象[71]。

表 8-3　矿井通风机常见的性能故障及其振动特征[71, 76]

故障原因	振动特征							
	特征频率	常伴频率	振动稳定性	振动方向	相位特征	轴心轨迹	进动方向	矢量区域
旋转失速	$(\omega_s+\omega_0)$ 及 $(\omega_s-\omega_0)$ 的成对次谐波	组合频率	振幅大幅度波动	径向,轴向	不稳定	杂乱	正动向	突变
喘振	超低频 $(0.5{\sim}20\ Hz)$	f_τ	不稳定	径向	不稳定	紊乱	正动向	突变

注:ω_s—机轴旋转频率;ω_0—失速涡动频率;f_τ—工作基频。

表 8-4 矿井通风机常见的性能故障及其敏感参数[71, 76]

故障原因	可检测的敏感参数					
	振动随转速变化	振动随负荷变化	振动随油温变化	振动随流量变化	振动随压力变化	其他识别方法
旋转失速	明显	很明显	不变	很明显	变化	①通风机出口压力波动大 ②通风机入口气体压力及流量有波动
喘振	改变	改变	改变	明显改变	明显改变	①振动剧烈 ②出口压力和进口流量波动大 ③噪声大，有低沉吼声，声音异常

8.3 矿井通风机振动信号监测与分析

8.3.1 矿井通风机振动信号分类

根据振动的频率不同，矿井通风机振动信号可以分为基频(f_τ)振动、倍频($2f_\tau$，$3f_\tau$，$\cdots$)振动、频率为基频分数($f_\tau/2$，$f_\tau/3$，$\cdots$)的振动、频率和基频成一定比例的振动、超低频(5 Hz 以下)振动、超高频(10 kHz 以上)振动等。

8.3.2 矿井通风机振动信号采集方法

8.3.2.1 振动监测点的布置

（1）监测部位

针对矿井通风机不同故障的振动信号特征（见表 8-1 ~ 表 8-4），在选取振动测量部位时，一般应选在通风机上对振动敏感的部位[77]。依据通风机的结构特点，常选择通风机的轴承部位作为主测点，其他固定和外壳部位作为辅测点，如图 8-10 所示。

（2）监测点位置

通风机振动测点主要布置在通风机、电动机轴承座的径向相互垂直方向以及轴向上，所布置的通风机测点要固定并且要用特殊明显的标记符号标出。测点应选在与轴承座连接刚度较高的地方或箱体上的适当位置，应尽量减少中间界面，且安装面要光滑。每次测量振动时，通风机的工况条件、测试参数、使用的测量

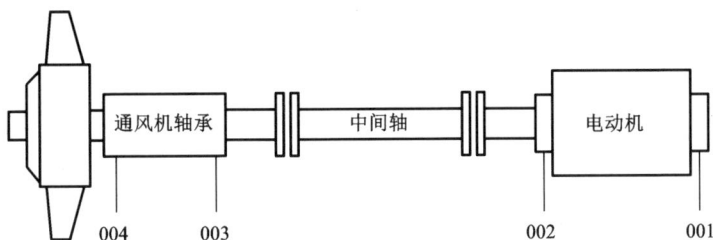

图 8-10 矿井通风机振动监测点位置

仪器和测量方法(如传感器的固定方法)要相同[78]。

①对于叶轮直接装在电动机轴上的通风机,应在电动机定子两端轴承部位测量其垂直、水平和轴向3个方向的振动值(图8-11)。当电动机带有风扇罩时,轴向振动可不测量。

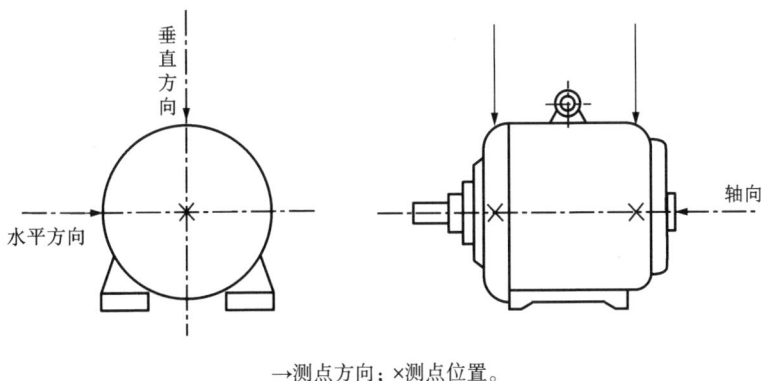

→测点方向; ×测点位置。

图 8-11 叶轮直接装在电动机轴上的通风机振动监测点位置

②对于双支承有2个轴承体的通风机,应对每个轴承按图8-12所示的3个方向测量其振动值。

③当2个轴承都装在同一个轴承箱内时,按图8-13所示的要求,在轴承箱体轴承部位测量其振动值。

④当被测的轴承箱在通风机壳体内部时,按②或③的要求布置,并预先装置振动传感器,然后引出至通风机以外与指示器连接并测量其振动值。传感器的安装方向与测量方向的偏差应在±5°之内。

⑤当被测的轴承箱在通风机壳体内部,且无法预设振动传感器时,可在支撑轴承处的通风机外壳相应部位测量垂直和水平2个方向的振动值,如图8-14所示。

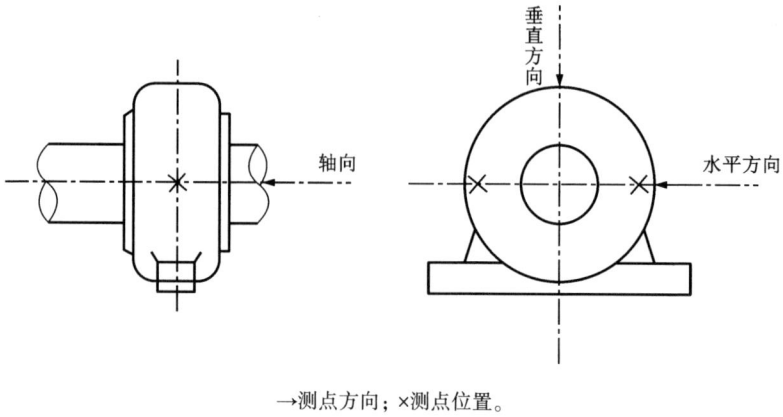

→测点方向；×测点位置。

图 8-12　双支承有 2 个轴承体的通风机振动监测点位置

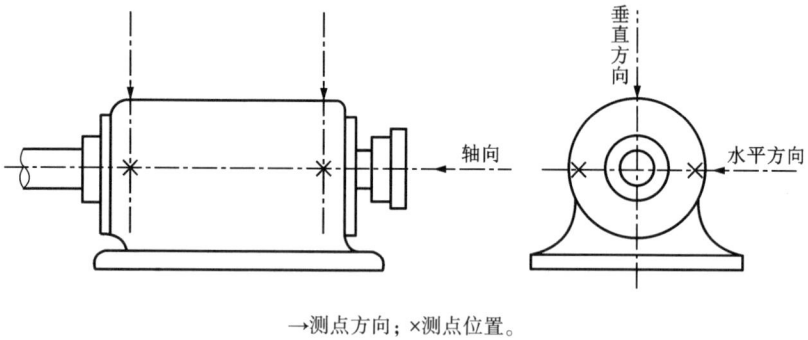

→测点方向；×测点位置。

图 8-13　2 个轴承都装在同一个轴承箱内的通风机振动监测点位置

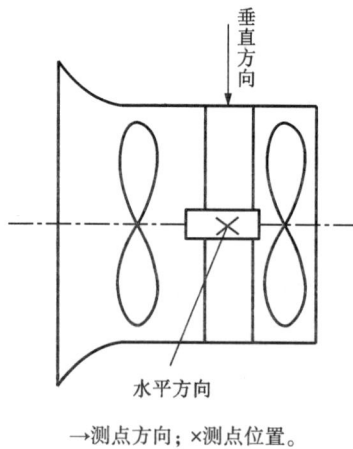

→测点方向；×测点位置。

图 8-14　被测的轴承箱在通风机壳体内部时的振动监测点位置

（3）监测方向

对于低频振动，一般在水平、垂直和轴向 3 个方向进行测量；对于高频振动，则只需测量单个方向。其主要原因是低频信号对方向较敏感，而高频信号方向性较差。

8.3.2.2　采样频率与采样点数

信号采样是通过采样脉冲而使连续信号离散化的一个过程。在进行采样时，其采样频率必须满足采样定理，即

$$f_s > 2f_h \tag{8-9}$$

式中：f_s、f_h 分别为信号的采样频率和最高频率。

采样时间依据现场实际情况选取，一般为 1~10 s。根据采样频率和采样时间，采样点数 n 为[79]：

$$n = tf_s \tag{8-10}$$

式中：t 为采样时间，s。

8.3.2.3　监测参数及其传感器的选择

（1）监测参数

振动测量的参数一般有位移、速度和加速度，其选择的原则[78]：振动频率在 0~100 Hz，适合选用位移传感器；振动频率在 10~1000 Hz，适合选用速度传感器；而加速度传感器的适用范围较广，振动频率从低于 1 Hz 到高于 20 kHz 都可以采用。

如矿井主通风机滚动轴承故障引起的振动包含比较广泛的频率特征，因此应选用加速度传感器对测点处的振动进行测量。

常用的振动指标有振动位移峰值 x_p、振动加速度峰值 a_p 以及振动速度均方根值 v_{rms}（也称为振动速度有效值）[78]。

对于周期振动，振动速度均方根值是指在一个振动周期内，振动速度瞬时值平方后平均值的平方根，它的数学表达式为[80, 81]：

$$v_{rms} = \sqrt{\frac{1}{T}\int_0^T [v(t)]^2 dt} \tag{8-11}$$

式中：v_{rms} 为振动速度均方根值，mm/s；T 为振动周期，s；$v(t)$ 为随时间 t 变化的振动速度函数，mm/s；t 为时间自变量，s。

对于单频率下的余弦波振动，$v(t) = v\cos(\omega t)$，则按上式求出来的振动速度均方根值为[81]：

$$v_{rms} = \frac{v}{\sqrt{2}} \tag{8-12}$$

式中：v 为振动速度单峰值，$v = X\omega$，mm/s；X 为振动位移单峰值，mm；ω 为角频率，rad/s。

（2）传感器的选择

振动传感器依据其测量方法和测量过程，可分为三类[79]：

①光学类。光学类振动传感器的原理是将所测得的振动信号转化为光信号，对光信号进行处理并放大，继而对其进行显示并记录。光学传感器适合于实验室这种理想化的工作环境，难以用于矿井这种复杂的现场环境。

②机械类。机械类振动传感器的缺点是其所能测到的信号频率较低，测量精度也较差，因而不适合测量含有高频信号的矿井主通风机振动信号。

③电测类。电测类振动传感器是将振动信号转换成电信号，然后再对电形式的变量进行测量和记录。相比于其他两类振动传感器，由于电信号具有更加稳定和频率更广的特性，因而电测类的振动传感器更适合于矿井通风机振动信号的采集。

8.4 基于振动分析的矿井通风机故障诊断

8.4.1 故障分析排除图

基于矿井通风机故障的振动特征及其敏感参数（见表8-1~表8-4），制作出如图8-15所示的矿井通风机故障分析排除图，据此可以对矿井通风机故障进行初步的判定。图8-15中的"幅度很大"和"限值"是根据有关标准或经验值设定的。

8.4.2 振动信号分析方法

如图8-16所示，矿井通风机振动信号的分析主要有时域分析法和频域分析法。

①时域分析法。振动信号的时域波形由各次谐波复合叠加而成，波形中包含了全部故障信息。对于某些导致波形明显变化的故障，可以直接利用时域波形进行分析和判断。时域分析的常用方法有时基波形分析法、自相关分析法和互相关分析法。其中利用自相关分析法可以检测被噪声淹没的确定信号，利用互相关分析法可以识别故障的来源。

时域分析法简单、直观，但难以揭示信号与故障之间的内部联系。

②频域分析法。频域分析法把振动的时域信号首先进行傅里叶变换，分解为各次谐波分量，然后再频域分析信号的频率构成和各次谐波分量的幅值以及相位信息。频域分析的常用方法有振幅谱分析法、相位谱分析法、功率谱分析法等。其中振幅谱分析法和相位谱分析法用于周期性信号分析，功率谱分析法用于非周期性信号和随机信号分析。

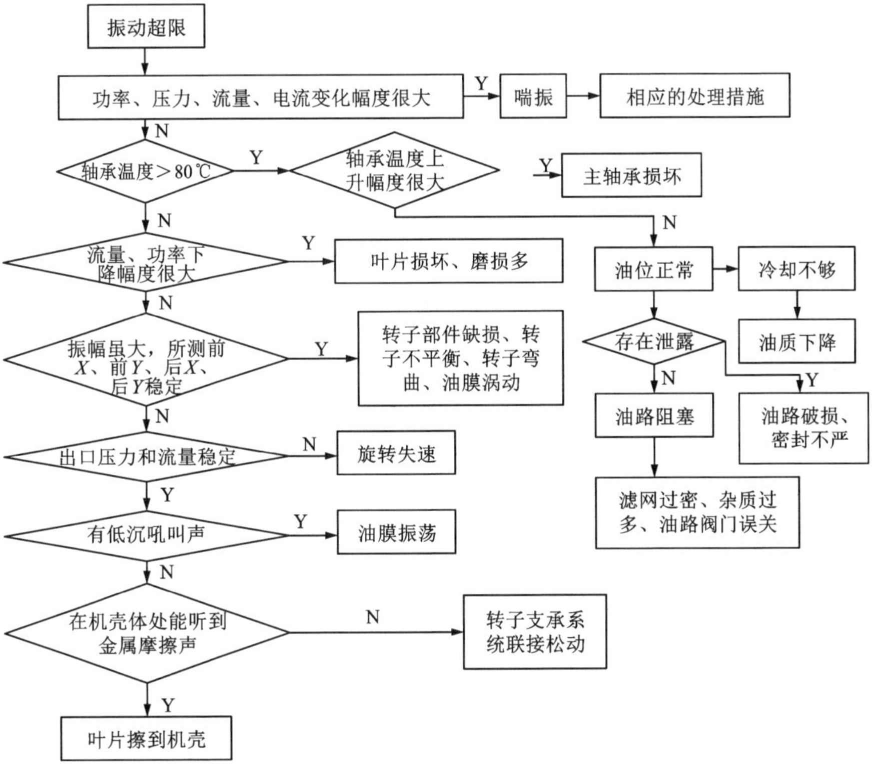

X—水平方向；Y—垂直方向。

图 8-15　矿井通风机故障分析排除图[71]

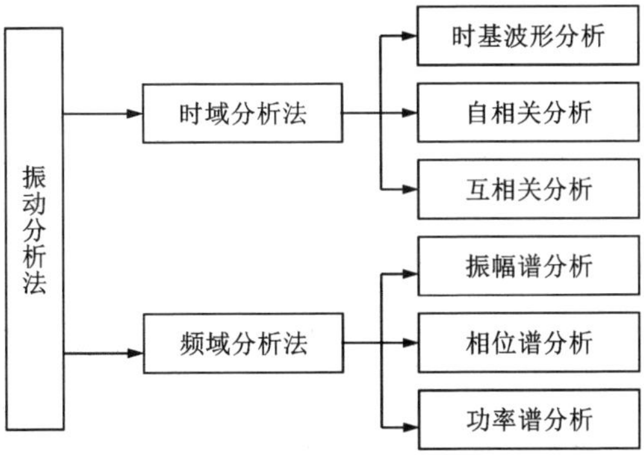

图 8-16　矿井通风机振动信号常用分析方法[82]

8.4.3 基于故障振动特征的通风机故障诊断

采用各种振动信息分析方法，对监测采集的通风机振动信号进行分析和识别，将其振动特征与通风机典型故障的振动特征相互比较(见表8-1～表8-4)，可以对通风机故障的类型、性质、产生部位和原因进行较为准确的判断[78]；即如果知道了通风机故障时的转速以及特征频率，就可以按表8-1～表8-4确定故障的原因。可见振动信息分析法是通风机诊断故障的一种有效方法，其简单易行，在很大程度上保证了通风机故障的及时诊断。

8.4.3.1 转子不平衡

(1)频谱及波形特征

①频谱图中频率成分以工作频率为主，而且有稳定的高峰值，其他频率成分少且振幅值较小。

②工作频率幅值随转速增大而增大，这是不平衡的重要特征。

③径向振动大，轴向振动较小。

(2)故障诊断

根据频谱图中主要频率成分进行分析，并结合故障分析排除图所得结果进行故障的确定。

1)频域

①确认频谱中以工作频率分量为主，其他倍频幅值很小。

②轴向振动比径向振动小得多。

③必要时改变通风机转速，确认工作频率幅值随转速增大而增大。

2)时域

①波形以稳定的单一的频率为主，轴每转一周出现一个峰值。

②轴向振动比径向振动小得多。

8.4.3.2 轴系不对中

(1)频谱及波形特征

①轴向振动大，1倍频、2倍频、3倍频处有稳定的高峰，一般为径向振动的50%以上；若与径向振动一样大或比径向振动更大，表明情况严重，同时，还伴有4倍频、5倍频等高次谐波成分。

②径向振动大，1倍频、2倍频、3倍频处有稳定的高峰，特别是2倍频成分常超过1倍频成分。

③时域波形稳定，每转出现1个、2个或3个峰，无大的加速度冲击现象。

(2)故障诊断

①频域。确认轴向和径向在1倍频、2倍频及3倍频处有稳定的高峰值，特别是2倍频分量，同时还伴有其他高次谐波成分。

②时域。确认以稳定的周期波形为主，每转出现 1 个、2 个或 3 个峰值，没有大的加速度冲击现象。若轴向振动与径向振动一样大或比径向振动更大，表明通风机设备恶化。

8.4.3.3　滚动轴承故障

（1）频谱及波形特征

①径向振动在轴承故障特征频率及其低倍频处有峰值，若有多个同类故障（如内滚道、外滚道、滚子），则在故障特征频率的低倍频处有较大的峰值。

②内滚道故障特征频率处有边频带时，边频带间隔为通风机工作频率 f_τ。

③滚动体故障特征频率处有边频带时，边频带间隔为保持架故障特征频率。

④在加速度频谱的中高频区域若出现高频峰群，则表明轴承出现疲劳故障。

⑤径向振动时域波形有重复冲击现象（有轴向负载时，轴向振动波形与径向相同），或者其峰值指标值大于 5，表明故障产生了高频冲击现象。

（2）故障诊断

1）频域

①确认故障特征频率处有峰，表明存在该故障；若还有明显的高次倍频成分，则表明故障严重。

②确认内滚道特征频率处不但有峰值，还有间隔为通风机工作频率 f_τ 的边频带，表明有内圈滚道故障。

③确认滚动体特征频率处不但有峰值，还有间隔为保持架故障特征频率（见表 8-1）的边频带，表明有滚动体故障。

④若轴向有负载，则必须注意轴向振动，其振动特征与径向振动类似。

2）时域

可能有重复冲击现象，重复频率为故障特征频率。

8.5　基于振动分析的矿井通风机故障预警

振动监测与故障预警是矿井通风机安全与稳定运行的重要保障，因而国家安全生产行业标准中对通风机振动测试的重要性和技术规范都作了明确的阐述，并给出了预警的指标和标准。

8.5.1　振动预警指标与标准

标准规定[78, 80, 81]，判断矿井通风机是否正常的指标为振动速度均方根值 v_{rms}（可由具有有效值检波特性的仪器直接测得），其标准有绝对标准、相对标准和类比标准三类。

（1）绝对标准

绝对标准是将测定的数据或统计量直接与标准阈值相比较，以判定通风机所处的状态。

刚性支承：$v_{rms} \leqslant 4.6$ mm/s

挠性支承：$v_{rms} \leqslant 7.1$ mm/s

通风机被安装后，"通风机-支承系统"的基本固有频率高于通风机的工作主频率，称为刚性支承；如一般通风机直接与坚硬基础紧固连接。

通风机被安装后，"通风机-支承系统"的基本固有频率低于通风机的工作主频率，称为挠性支承；如在特殊条件下，通风机通过隔振体与基础连接。

此外，也可以根据对某台通风机反复测量所积累的经验，制定该台通风机的v_{rms}绝对判断标准[78]。

（2）相对标准

如表 8-5 所示，相对标准是以正常状态的测定值为初值，以当前实测数据值达到初值的倍数为阈值来判断通风机当前所处的状态。相对标准中初值的确定极为重要，一般至少要取 6 个有效数据进行平均后作为初值。

表 8-5　ISO（国际标准化组织）相对标准[78]

状态	运动机械	
	低频（<1 kHz）机械	高频（>4 MHz）机械
注意	2.5 倍	6 倍
异常	10 倍	100 倍

此外，也可以通过对某台通风机反复测量积累的经验，制定该通风机的相对判断标准[78]。

（3）类比标准

对同规格型号、同运行工况的若干台通风机，在缺乏必要的标准时可采用类比标准进行状态判别。所谓类比标准，即对数台通风机的同一部位进行测定，并对测定值进行相互比较，从而判定某台通风机是否发生异常。类比标准的判定值可参阅表 8-6。

表 8-6　ISO（国际标准化组织）类比标准[78]

状态	运动机械	
	低频（<1 kHz）机械	高频（>4 MHz）机械

续表

状态	运动机械	
	低频(<1 kHz)机械	高频(>4 MHz)机械
异常	>1 倍	>2 倍

实际上，可以针对某台具体通风机制定切合实际的类比标准[78]。

根据通风机振动测量记录与所选的振动值标准，可画出其运行状态的劣势趋势图，从而可识别和预测通风机的运行状态。

8.5.2　故障预警

(1) 合理确定预警标准

基于预警通风机的具体情况及已有的振动监测资料，可以选择预警的绝对标准、相对标准或类比标准，进行矿井通风机的预警。一般情况下，采用相对标准进行预警，能够有效地实现通风机的运行预警；当同类型通风机振动监测资料丰富时，采用类比标准进行预警，可使预警的准确性更高。

(2) 合理设定报警阈值

合理设置振动强度的正常值、报警值和停机值，是矿井通风机故障预警的关键。如可采用表 8-7 所示的矿井通风机故障状态相对标准的阈值范围[82]，进行矿井通风机故障预警。

表 8-7　矿井通风机故障状态相对标准的阈值范围[82]

运行状态	$k_v = v_{1\,rms}/v_{0\,rms}$		
	正常	报警	停机
判定阈值	$k_v \leqslant 2.5$	$2.5 < k_v \leqslant 10$	$k_v > 10$

注：$v_{0\,rms}$—通风机初始状态下的振动速度均方根值；v_{1rms}—实测的通风机振动速度均方根值。

参考文献

[1] 李谢平, 田敏, 谢宁芳. 某金属矿多级机站通风系统优化应用研究[J]. 有色金属设计, 2020, 47(4): 19-24.

[2] 陶树银, 范富泉. 某金属矿山多级机站通风技术研究[J]. 有色冶金设计与研究, 2021, 42(2): 4-6, 19.

[3] 周伟, 吴冷峻, 周选阳, 王涛, 贾敏涛, 谢辉. 风网解算下的多级机站设置与风机优选研究[J]. 金属矿山, 2022(5): 192-197.

[4] 王文才, 赵晓坤, 张根源, 苏彦斌. 多级机站通风系统能耗研究[J]. 煤炭技术, 2017, 36(1): 154-155.

[5] 王文才, 张根源, 苏彦斌, 赵晓坤, 王鑫宙, 赵宇. 多级机站通风系统能耗分析[J]. 现代矿业, 2016, 33(7): 280-281.

[6] 王文才. 矿井通风学[M]. 北京: 机械工业出版社, 2015: 260-263.

[7] 程厉生, 李高祺, 沈元伟. 井下多风机机站局阻的研究[J]. 工业安全与防尘, 1987(2): 11-16.

[8] 王英敏. 多级机站通风原理与设计方法探讨[J]. 工业安全与防尘, 1991(5): 3-8.

[9] 张齐尧. 对风流突然扩大与缩小的局部阻力及其系数之研究[J]. 煤矿安全, 1983(10): 22-30.

[10] 王文才, 张志浩, 赵晓坤, 刘涛涛. 集流器最佳结构参数数值模拟研究[J]. 煤炭技术, 2018, 37(12): 184-186.

[11] 钱均波. 轴流风机集流器阻力损失计算公式及最优结构参数的确定[J]. 山东矿业学院学报, 1986(3): 72-77.

[12] 张逸轩. 扁平硐室型采场空气射流特性实验研究[D]. 昆明: 昆明理工大学, 2017: 26-29.

[13] 王文才, 张博, 芦阳. 通风机风压特性曲线多项式拟合的最佳次数[J]. 煤, 2014, 23(7): 14-15, 33.

[14] 刘洋, 杨志刚, 李启良. 集流器形式对轴流式风机性能影响的研究[J]. 风机技术, 2012(3): 19-21, 39.

[15] 吴秉礼. "瘦身"集流器和扩压器对轴流通风机性能的影响[J]. 风机技术, 2010(1): 16-18.

[16] 王文才, 赵晓坤, 曾祥柱. 不同结构主扇扩散器局部阻力研究[J]. 中国安全生产科学技术, 2016, 12(9): 71-74.

[17] 王文才, 张桉, 张志浩, 梁素钰. 机站风机扩散器的最优结构参数确定[J]. 矿业研究与开发, 2019, 39(1): 120-123.

[18] 李雨林, 程厉生, 李高祺. 降低井下机站的局部阻力及机站合理结构的研究[J]. 金属矿山, 1988(7): 21-25.

[19] 王智才, 李咏峰. 一次风机入口噪音问题分析[J]. 黑龙江电力, 2009, 31(4): 277-278, 303.

[20] 张宗茂, 顾熙棠. 降低轴流风机噪声的两种方法[J]. 宁波大学学报, 1989, 2(1): 79-87.

[21] 张胜利, 席德科. 轴流通风机的降噪试验研究[J]. 机械设计与制造, 2007(10): 114-116.

[22] 李峰, 唐佳, 徐立军, 陈志峰. 矿用局部通风机导流降噪装置设计及优化模拟[J]. 煤炭技术, 2022, 41(12): 118-123.

[23] 邱瑞华, 邵剑. 煤矿轴流式局部通风机的降噪[J]. 工业安全与环保, 2003, 29(3): 35-37.

[24] 刘陆亚. 煤矿井下局部通风机消音降噪的研究与应用[J]. 山东工业技术, 2018(20): 75.

[25] 王英敏. 矿井内空气动力学与矿井通风系统[M]. 北京: 冶金工业出版社, 1994: 149-150.

[26] 魏润柏. 通风工程空气流动理论[M]. 北京: 中国建筑工业出版社, 1981: 46-48.

[27] 王文才, 赵晓坤, 张志浩, 刘涛涛. 无风墙机站的有效风压测试及数值模拟[J]. 金属矿山, 2017(11): 156-161.

[28] 周志杨, 王海宁, 晏江波, 陈思源. 新型多级机站设置方式的研究与应用[J]. 矿业研究与开发, 2016, 36(3), 78-82.

[29] 吴国珉, 鲍侠杰, 刘金明, 吴超. 井下无风墙辅扇动压通风的分析及其应用[J]. 矿业研究与开发, 2008, 28(2), 63-64, 85.

[30] 王文才, 张志浩, 赵晓坤, 刘涛涛. 引射器最优出口断面的理论分析与数值模拟[J]. 煤矿安全, 2018, 49(7): 89-91, 95.

[31] 程厉生, 董振民. 井下无密闭辅扇通风计算理论及引射器最优出口断面的确定[J]. 金属矿山, 1981(10): 20-24, 33.

[32] 王文才, 赵晓坤, 张志浩, 刘涛涛. 无风墙辅扇通风引射器最优出口断面研究[J]. 煤炭工程, 2018, 50(10): 134-137.

[33] 张铁英. 无风墙辅扇组测算夏季自然压差[J]. 黄金, 1985(5): 25-29.

[34] 邢永强, 冯俊超. 煤矿长距离掘进局部通风研究现状[J]. 煤炭技术, 2019, 38(6): 124-126.

[35] 王文才, 邓连军, 张培, 张伟, 陈阳. 长距离掘进工作面通风技术[J]. 煤矿安全, 2018, 49(5): 87-90, 94.

[36] 张恒, 张俊儒, 周水强, 孙建春, 吴洁. 特长隧道风仓接力通风关键参数及其效果研究[J]. 安全与环境学报, 2019, 19(3): 795-803.

[37] 李秀春, 杨其新, 蒋雅君, 曹正卯. 地下洞库群风仓式施工通风仿真模拟计算研究[J]. 地下空间与工程学报, 2015, 11(2): 462-468.

[38] 罗刚, 刘畅, 贾航航, 张玉龙, 王贺起. 特长公路隧道风仓式通风参数优化研究[J]. 施工

技术, 2020, 49(23): 57-60.

[39] 谢洪波. 风库接力通风在多水平金属矿山中的应用[J]. 能源技术与管理, 2018, 43(6): 120-121.

[40] 涂军旺. 风库接力通风在金属矿山巷道施工中应用[J]. 能源技术与管理, 2017, 42(4): 146-148, 163.

[41] 李雨成, 霍然, 刘天奇, 李智, 尹卫东, 陈善乐. 长距离通风风库中转有效性及数值模拟[J]. 辽宁工程技术大学学报(自然科学版), 2015, 34(12): 1365-1369.

[42] 王文才, 王政, 邓连军, 张桉. 长距离掘进面局部通风风库布置形式的数值模拟[J]. 煤炭技术, 2019, 38(8): 78-81.

[43] 吴伟征. 长距离掘进面局部通风风库尺寸的数值模拟[J]. 煤炭技术, 2019, 38(9): 94-97.

[44] 宋骏修, 弯晓林, 郭春. 玉磨铁路安定隧道风仓式施工通风方案研究[J]. 现代隧道技术, 2020, 57(5): 232-238.

[45] 杨帅, 任锐, 王庭川, 王亚琼. 长大隧道风仓式施工通风结构参数优化研究[J]. 地下空间与工程学报, 2020, 19(3): 946-954.

[46] 陈祖云, 金波, 邬长福, 杨胜强. 局部通风风筒直径的选择[J]. 中国安全生产科学技术, 2012, 8(11): 81-84.

[47] 王文才, 李晓芳, 安宁. 综掘工作面长压短抽通风系统风筒合理位置研究[J]. 煤炭技术, 2019, 38(4): 123-125.

[48] 张大明, 马云东, 罗根华. 综掘工作面压入式风筒出口有效距离研究[J]. 安全与环境学报, 2016, 16(4): 186-191.

[49] 王文才, 邓连军, 张志浩, 张伟, 陈阳. 掘进工作面局部通风风筒悬挂位置的数值模拟[J]. 矿业安全与环保, 2018, 45(6): 15-19, 24.

[50] 孟祥昌, 李永冲, 熊建龙, 王凯. 大断面隧道风筒空间布置参数对风流流动及瓦斯扩散规律的影响研究[J]. 粘接, 2021, 46(5): 187-192.

[51] 朱红青, 朱帅虎, 贾国伟. 大断面掘进压入式风筒最佳高度的数值模拟[J]. 安全与坏境学报, 2014, 14(1): 25-28.

[52] 张鑫, 谭继东, 朱雨虹, 周进节, 郑阳. 磁巴克豪森噪声表征铁磁性材料应力的最优特征值研究[J]. 传感技术学报, 2020, 33(9): 1240-1245.

[53] 尹何迟, 颜焕元, 陈立功, 倪纯珍. 磁巴克豪森效应在残余应力无损检测中的研究现状及发展方向[J]. 无损检测, 2008, 30(1): 34-36, 41.

[54] 沈功田, 郑阳, 蒋政培, 谭继东. 磁巴克豪森噪声技术的发展现状[J]. 无损检测, 2016, 38(7): 66-74.

[55] 王丽婷, 何存富, 刘秀成. 基于磁巴克豪森噪声的磁各向异性试验评估[J]. 无损检测, 2021, 43(12): 54-60.

[56] 王丽婷, 何存富, 刘秀成. 典型材料磁各向异性的磁巴克豪森噪声评估方法[J]. 仪器仪表学报, 2020, 41(12): 173-180.

[57] 宛德福, 马兴隆. 磁性物理学[M]. 成都: 电子科技大学出版社, 1994.

[58] Chikazumi S, Graham C D. Physics of Ferromagnetism (International Series of Monographs on Physics) [M]. Oxford University Press, 1997.

[59] 王丽婷. 磁各向异性的磁巴克豪森噪声检测理论与方法研究[D]. 北京：北京工业大学, 2021.

[60] Manh T L, Caleyo F, Hallen J M, et al. Model for the correlation between magnetocrystalline energy and Barkhausen noise in ferromagnetic materials [J]. Journal of Magnetism and Magnetic Materials, 2018, 454(5)：155-164.

[61] 毛卫民, 张新明. 晶体材料织构定量分析[M]. 北京：冶金工业出版社, 1993.

[62] 余永宁. 材料科学基础. 第2版[M]. 北京：高等教育出版社, 2012.

[63] Liting Wang, Cunfu He, Xiucheng Liu. Evaluation of the magnetocrystalline anisotropy of typical materials using MBN technology[J]. Sensors, 2021, 21(10)：3330.

[64] 邱发生. 基于磁畴动态行为特征的应力表征研究[D]. 北京：电子科技大学, 2019.

[65] Hauser H. Energetic model of ferromagnetic hysteresis：Isotropic magnetization[J]. Journal of Applied Physics, 2004, 96(5)：2753-2767.

[66] Hauser H. Energetic model of ferromagnetic hysteresis[J]. Journal of Applied Physics, 1994, 75(5)：2584-2597.

[67] Hauser H, Fulmek P L. Hysteresis calculations by statistical behaviour of particles of high density[J]. Journal of Magnetism & Magnetic Materials, 1996, 155(1-3)：34-36.

[68] 郑中兴. 材料无损检测与安全评估[M]. 北京：中国标准出版社, 2004：233-238.

[69] Kleber X, Vincent A. on the role of residual internal stresses and dislocations on Barkhausen noise in plastically deformed steel[J]. NDT & E International, 2003, 36(6)：439-445.

[70] 蒋政培, 凌张伟, 王敏. 磁巴克豪森噪声技术在应力评估中的研究进展[J]. 无损检测, 2018, 40(8)：67-74.

[71] 张为荣, 刘顾, 胡亚非. 煤矿主通风机振动成因及监测与故障诊断[J]. 煤矿机电, 2002(3)：10-13.

[72] 向东, 王福忠. 矿用通风机振动故障分析及检测研究[J]. 煤矿机械, 2015, 36(1)：273-275.

[73] 董亮亮. 煤矿通风机振动故障原因及检测技术[J]. 机械管理开发, 2018, 33(9)：131-132, 214.

[74] 刘文梅. 矿井主通风机运行状态监控系统的研究设计[J]. 山东煤炭科技, 2023, 41(10)：146-150.

[75] 陈松. 基于振动信号分析的煤矿主通风机故障诊断的研究[J]. 机械管理开发, 2019, 34(2)：130-132.

[76] 刘燕, 朱俊强. 旋转失速状态下叶片激振频率的研究[J]. 航空动力学报, 1996, 11(3)：299-333.

[77] 位礼奎. 基于振动信号分析的煤矿主通风机故障诊断研究[D]. 北京：中国矿业大学, 2016：8-17.

[78] 国家安全生产监督管理总局. 煤矿在用主通风机系统安全检测检验规范(AQ 1011－2005)[S].北京：煤炭工业出版社, 2005：17-20.

[79] 白逸飞. 基于振动数据分析的煤矿主通风机轴承故障诊断方法研究[D].太原：太原理工大学, 2020：10-16.

[80] 国家矿山安全监察局. 煤矿在用产品安全检测检验规范——主要通风机系统(MT/T 1205-2023)[S].

[81] 中华人民共和国工业和信息化部. 通风机振动检测及其限值(JB/T 8689-2014)[S].北京：机械工业出版社, 2014：1-4.

[82] 李学哲, 王菲, 付永钦, 张嘉洋. 基于振动分析的矿用通风机故障预警技术研究[J].煤矿机械, 2021, 42(4)：171-174.

图书在版编目(CIP)数据

矿井高效通风机站结构及通风机故障诊断／王丽婷，
王文才，赵晓坤著. —长沙：中南大学出版社，2024.7
　　ISBN 978-7-5487-5789-4

　　Ⅰ．①矿… Ⅱ．①王… ②王… ③赵… Ⅲ．①矿用通
风机－通风系统－结构设计②矿用通风机－故障诊断
Ⅳ．①TD441

　　中国国家版本馆 CIP 数据核字(2024)第 072844 号

矿井高效通风机站结构及通风机故障诊断
KUANGJING GAOXIAO TONGFENG JIZHAN JIEGOU JI TONGFENGJI GUZHANG ZHENDUAN

王丽婷　王文才　赵晓坤　著

□出 版 人	林绵优	
□责任编辑	史海燕	
□责任印制	李月腾	
□出版发行	中南大学出版社	
	社址：长沙市麓山南路	邮编：410083
	发行科电话：0731-88876770	传真：0731-88710482
□印　　装	湖南省汇昌印务有限公司	

□开　　本	710 mm×1000 mm 1/16	□印张 11.75	□字数 232 千字
□版　　次	2024 年 7 月第 1 版	□印次 2024 年 7 月第 1 次印刷	
□书　　号	ISBN 978-7-5487-5789-4		
□定　　价	78.00 元		

图书出现印装问题，请与经销商调换